写给孩子的

地震书

——探索地震奥秘的N+1种方法

柳小笛 著

地震出版社

图书在版编目（CIP）数据

写给孩子的地震书：探索地震奥秘的N+1种方法 /
柳小笛著. —北京：地震出版社，2022.1（2024.4重印）
ISBN 978-7-5028-5312-9

I. ①写...　　II. ①柳...　　III. ①地震—儿童读物
IV. ①P315-49

中国版本图书馆CIP数据核字（2021）第055711号

地震版　　XM 5764 / P (6047)

写给孩子的地震书——探索地震奥秘的N+1种方法

柳小笛　著
责任编辑：范静泊
责任校对：凌　樱

出版发行：**地 震 出 版 社**

北京市海淀区民族大学南路9号　　　　　　　　邮编：　100081
发行部：　68423031　　68467991　　　　　　传真：　68467991
总编室：　68462709　　68423029
证券图书事业部：　68426052
http://seismologicalpress.com
E-mail: zqbj68426052@163.com

经销：全国各地新华书店
印刷：北京华强印刷有限公司

版（印）次：2022年1月第一版　　　2024年4月第10次印刷
开本：889 × 1194　　1/16
字数：115千字
印张：4.5
书号：978-7-5028-5312-9
定价：29.80元

目 录

赶快来认识一下本书的主人公，让他们一起陪你探索地震的奥秘吧！

桃桃:

善良、勇敢、乐观，并有着旺盛求知欲的四年级小学女生。她喜欢看书，喜欢探险，也特别愿意交朋友。

胡子哥哥:

桃桃的邻居哥哥。觉得自己留胡子很酷，是个热情、有活力、充满爱心的文艺青年。对了，他有点恐高。

好奇心奶奶:

对任何事物都充满了好奇心的老奶奶。她开办了好奇心奶奶实验室，专门研究各类科学知识以及时下年轻人爱玩的东西。爱凑热闹，有点迷糊。

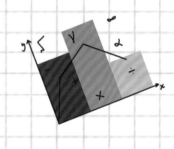

地图猫:

执着于看地图找路的传统绅士猫，不喜欢现代导航设备，但是方向感并不好。他在好奇心奶奶实验室担任助手已经很多年了。

写在前面的话

　　地震非常可怕，对吗？我们惧怕、逃避地震这个话题，祈祷地震不要发生……可是这样是无济于事的，地震该发生的时候还是会发生。所以，学习地震知识，了解地震危害，牢记预防地震、减少灾害的方法才是正确的面对地震的态度。

　　在这本书里，一系列有趣的故事和幽默的漫画会带着你进入地震知识的广袤领域。不时穿插的知识点和"挑战一下"这样的小栏目，会让你轻松解锁地震的方方面面，从科学、技术、工程、数学，甚至人文艺术的角度去思考地震这个课题。而且，如果你细心地阅读，你一定会发现这本书里的主人公不断在尝试着各种各样的学习方法：上网查找资料、做实验、讨论、参观、写报告、演讲，还有拍摄短视频。如果你愿意，可以挑选几种方法试一下，保证会令学习充满乐趣。

数学

工程

科学

技术

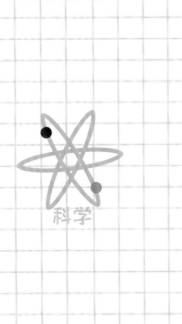

人文

1 胡子哥哥的来访

胡子哥哥，好久不见！

地震救援？这么巧……

好消息，桃桃！我登记加入地震救援志愿者队伍啦！

咦，桃桃，你怎么啦？

瞧，我正在看的这个影片……

影视作品中的地震

我正在看动画片呢！瞧，就是这部——《地动之日》，讲的是发生在1995年1月17日日本神户市大地震前前后后的故事。

主人公小刚是个六年级的小学生，他和父母还有弟弟生活在神户市。小刚一心想考上理想的中学，整天只关心自己的学习，很少和同学交往，也很少参加集体活动。

突然有一天，大地震发生了，城市变成了废墟，人们失去了生活的家园。小刚和家人虽然幸免于难，但他却失去了最好的朋友，也目睹同伴失去了唯一的亲人。这巨大的灾难让"自私鬼"小刚体会到了亲人和朋友的重要，也明白了团体生活的可贵，最后还主动成为志愿者，参与了救援。一场地震让小刚学习到了人生中最宝贵的一课。

说实话，我看的时候哭了好几次，有些地方让我挺害怕，有些地方让我特别感动。我真的要好好珍惜和家人、朋友在一起的时间，大家相亲相爱，互相帮助……

诗歌中的地震

诗意解读

至正二年四月一日，杭州发生火灾。七月一日，又发生了地震。大地开裂，土丘塌毁，难道不正像杞人所担忧的那样吗？为什么大地会长出白毛？为什么泰山摇摆，海水倾泻？百姓们惶恐不安，议论纷纷，担忧昆仑山的八根擎天大柱是不是断裂了。但是朝廷有像唐尧一样英明的皇帝，有像顶天立地的不周山一样敢于担当的良相，百姓与国家同舟共济，整个国家固若金汤，于是乎！天下百姓们有什么可以担忧的呢？

作者简介

杨维桢（1296—1370），字廉夫，号铁崖。诸暨人。元末明初诗人、文学家、书画家。杨维桢的古乐府诗婉丽动人、雄迈自然，被称为"铁崖体"，极为被历代文人所推崇。

地震谣

杨维桢

四月一日南省火，七月一日南地震。
地积大块作方载，岂有坏崩如杞人。
如何一震白毛茁，泰山动摇海水泄。
便恐昆仑八柱折，赤子啾啾忧地裂。
唐尧天子居上头，贤相柱天如不周。
保国如瓯，驭民如舟，吁嗟！赤子汝何忧。

写得真是很形象！

桃桃，你看这首诗。

挑战一下——各种艺术作品中的地震

地震往往给人恐怖、神秘、悲惨的感觉。有时候这些情绪需要表达出来。通过艺术的形式表达是个不错的方法。过往有许多电影、戏剧、诗歌、小说、绘画、摄影等优秀的艺术作品都表达了地震的主题。试着像我一样利用互联网查找更多描写地震的艺术作品吧，看看你会从中感受到什么。

Baidu百度

关于地震的古诗

2 千奇百怪的地震"理论"

北欧的"恶作剧之神"洛基杀死了光明之神，于是众神就把他绑了起来，派巨蟒来折磨他。每当巨蟒的毒液滴落到洛基的身上时，灼烧的痛苦便会使他痛不欲生，浑身颤抖，于是地震就发生了……看来当务之急是杀死那条巨蟒!

在中国古代的传说中，一条龙头鱼身的鳌鱼是地震的罪魁祸首。一旦它耍起性子来，上下左右地翻腾身体，大地就会震动起来。真应该给鳌鱼常备着点镇静剂!

在古埃及的传说中，当大地之神盖布放声大笑时，地震便会发生。这个神明经常以头顶一只鹅的形象出现。希望大鹅能帮我们提醒盖布作为神明最好时刻保持严肃。

在我国的台湾地区，人们认为在地下住着一头地牛。它大多数时间都在睡觉，可是当它翻身的时候就会引发地震。地牛，你要翻身的时候能不能先告诉我们一下?

哈哈，这些地震"理论"真是异想天开。古代人的想象力还真是丰富呢!

嗯……这些地震传说让我越来越觉得地震很神秘，地震很可怕。你觉得呢，桃桃?

桃桃，你想知道地震是什么吗？先来看看这些世界各地的地震传说吧！

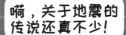

嗨，关于地震的传说还真不少！

日本地震多发，日本人相信这是由一条大鲶鱼引起的。它背负着日本列岛，平时被一块巨大的石头压着，不能动弹，一位神明镇守着这块大石头。可是当这位神明打盹的时候，大鲶鱼就会扭动身体，用尽全力摆脱巨石，兴风作浪。神明，坚持住啊，不能睡觉！要不要来点咖啡？免费的！

在中美洲，大地被四个神祇托举着。每当他们觉得大地非常拥挤的时候，就会将大地抖一抖……是的，你没有看错，就是"抖一抖"这么随心所欲……

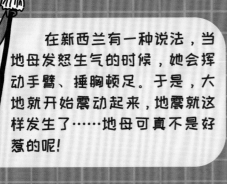

在新西兰有一种说法，当地母发怒生气的时候，她会挥动手臂、捶胸顿足。于是，大地就开始震动起来，地震就这样发生了……地母可真不是好惹的呢！

虽然这些传说中的地震"理论"听上去很有意思，但是这毕竟是古时候人们的想象和猜测。
那……地震到底是怎样产生的？为什么会有地震？
我想我最好去找一下好奇心奶奶。在她的实验室里，一切问题都能解决！咱们出发吧，胡子哥哥！

3 地球构造大揭秘

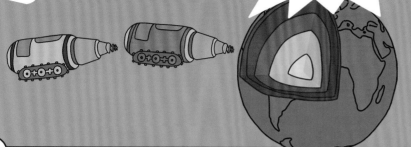

好奇心奶奶实验室

好奇心奶奶好！

我们想来学习点关于地震的知识。

没问题，本实验室可以满足你们所有的好奇心。

欢迎，孩子们！

看起来比奶奶之前的设备靠谱些……

酷！

孩子们，孩子们，这是本实验室最新研发的机密设备003号。使用者利用本设备可VR体验超清晰3D无限环绕实景@#$%^&……

我的工具呢？记得就是放在这里的呀？

孩子们，我会用对讲机向你们广播你们所处的环境，注意听哈！

桃桃……快来！太刺激了！我都等不及了！快点儿，快点儿！

来啦！

戴上这个VR眼镜，进入地球内部探险吧！

您确定这是VR眼镜吗？怎么这么像蒸汽朋克头盔呢？

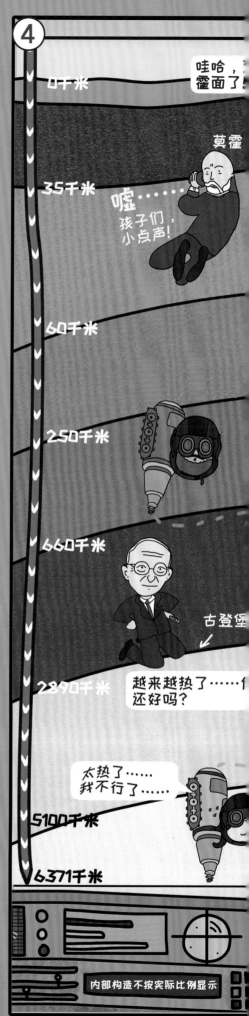

4

0千米

哇哈，霍面了！

莫霍

35千米

嘘……
孩子们，小点声！

60千米

250千米

660千米

古登堡

越来越热了……你还好吗？

2890千米

太热了……我不行了……

5100千米

6371千米

内部构造不按实际比例显示

6

地震学家小档案

人们为了纪念我，将月亮背面的一个环形山命名为"莫霍洛维奇"。哈，这真是太酷了。

安德里雅·莫霍洛维奇（Andrija Mohorovicic） 1857-1936

克罗地亚　　　　　　　　　　**地震学家/气象学家**

莫霍洛维奇在1909年的时候发现地震波在穿过地下某个深度的时候，速度会发生改变。这个深度在大陆地区是30~35千米，大洋地区是7~10千米，青藏高原最厚约70千米。莫霍洛维奇认为在这个深度，地球内部组成物质的性质的变化导致了地震波速度的变化，从而发现了地壳和地幔的分界线，所以这个分界面被人们称为莫霍面。

嗯，横波竟然完全消失了……这件事值得好好研究一下！

本诺·古登堡（Beno Gutenberg） 1889-196

美国籍德裔　　　　　　　　　　**地球物理学**

古登堡在1914年发现地震波在某一定远之后，纵波传播速度降了，而横波则完全消失了。根据这个发现，他确定了地幔与地核的界线在地下约2900千米处的深度，这个分界面因而被称为古登堡面。

注：在前面一页的桃桃和胡子哥哥的VR世界探秘中，你看见莫霍洛维奇先生和古登堡先生了吗？

好奇心奶奶 知识点

渴望在地心旅行？这可不是一件容易的事情。目前人类从地表向下钻探挖掘的最深的"坑"（或者你叫它"洞"也行）也就是12千米左右，连地壳这层的底部还没有达到呢。

是的，是的，我知道我距离12千米的深度都还很远……

立志做一个地心探险家？你考虑过要承受的压力和高温吗？要不先做个"训练"吧！请躺在瑜伽垫上，让两个你的好朋友分别压在你的身上。感受到他们带给你的压力了吗？开始有点喘不上气了？感觉到有点热了吗？这就是压力带来的温度升高，而地球内部的压力和温度远比这两个朋友带给你的要高得多。你依然确定要继续你的探险吗？好吧！祝你早日成功！

你们俩……太重……了……

嗨，大家好！

啊，压麻儿了……

请在父母在场时进行此项训练，务必！

既然目前人类无法进行地心的实地探险，那么科学家们是怎样知道地球内部的物质结构呢？

最主要的方法当然就是利用地震波。地震波在传播的过程中，如果遇到不同性质的物质，便会产生反射和折射，传播的速度也会发生变化，莫霍洛维奇和古登堡等科学家就是通过观测地震波的传播，从而计算出每层物质的厚度、组成成分以及它们是液态还是固态的。

喷石XXX号

可供研究的资料还真是多呢……

其他的方法还包括：
研究经由火山爆发而喷出的地表以下的物质；
在实验室模拟地心的高温高压环境，从而推测或印证地心的状态；
研究陨石的成分，科学家们认为这对研究地心的构成物质很有参考价值。

挑 战 一 下
——做个好吃的"地球"

第一步：在碗中将糯米粉、苏打粉混合均匀后，加入鸡蛋液和牛奶，放点盐，放点油，揉搓成面团子。然后将大面团分成一个个的小面团——大小就是你一口能吃掉的大小吧！

糯米粉 苏打 鸡蛋 油 盐 牛奶

花生米 果酱 切开 挖空 合上

第二步：将小面团从中间一分为二。把两个半球的中间挖空，在中间形成一个凹槽。在一边半球的凹槽里放一粒花生米，然后在凹槽里倒一点果酱。完成后，把这两个半球再合起来。

第三步：请爸爸妈妈帮忙，将面团放在电饭煲内，按煮饭键煲30分钟。拿出冷却后，在面球的表面涂抹上一层巧克力酱。恭喜！美味的"地球"完成了。

花生米=内核
巧克力酱=地壳
果酱=外核
面团=地幔

第四步：品尝前，请从中间切开再次观赏。怎么样，你的"地球"好吃吗？

4 板块的漫长旅行

① 桃桃和胡子哥哥刚刚经历了地心探险，了解了地球内部的构造。但是，如果想明白地震的奥秘，板块理论的知识也必不可少。先让我们来看看古大陆的运动吧！

④

我是谁？我在哪儿？怎么回事？

这是地球吧？怎么看上去有些不一样？

经古出大现陆科过之学别前家的，普超地遍级球相大上信陆，就曾盘。

啊，不！热气球！

地图猫大人，请给我们换个交通工具！

嘘，胡子哥哥，别管那么多，快听好奇心奶奶怎么说！

有没有搞错地图猫大人恐龙？！

盘古大陆

2.25亿年前
二叠纪

劳亚大陆

特提斯洋

冈瓦那古陆

2亿年前
三叠纪

1.5
侏罗

在古生代到中生代期间，地球存在着一块统一的大陆，名叫泛大陆，也可以叫作盘古大陆。而围绕它的海洋就叫作泛大洋，或是盘古大洋。

经过漫长的岁月，盘古大陆分裂为北部的劳亚大陆和南部的冈瓦那古陆，大陆中间也开始出现了特提斯洋。

好奇心奶奶实验室机密设备003号

好奇心奶奶，您看咱这VR体验里的古大陆运动的示意图还不错吧！是我根据USGS，就是美国地质调查局的示意图手绘的呢！

时间轴不按实际比例显示

10

地震学家小档案

那天我生病躺在床上，很无聊，为了打发时间，我盯着墙上的地图看了好一会儿。你猜怎么着，我发现地图中非洲大陆西岸和南美洲东岸的轮廓可以神合在一起！真是神奇！

阿尔弗雷德·魏格纳（Alfred Lothar Wegener） 1880-1930

德国 　　　　　　　　　　　　地质学家 / 气象学家

　　魏格纳在1912年的时候首次提出了大陆漂移的观点，但是，这个说法在当时并未受到广泛认同。为了寻找证据支持大陆漂移学说，魏格纳四次前往格陵兰进行极地探险和研究，但不幸在第四次探险中遇难。直到20世纪50年代，魏格纳的大陆漂移假设才逐步受到科学界的肯定。可惜魏格纳没能看到这一切。

好奇心奶奶 **知识点**

● 大陆漂移说

　　魏格纳提出的大陆漂移说认为在3亿年前，所有大陆曾经是一块统一的巨大陆块，称为泛大陆，周围的海洋称为泛大洋。之后，泛大陆逐渐分裂并漂移，逐渐达到现在的位置。大陆漂移学说提出较轻硅铝质的大陆块漂浮在黏性的硅镁层之上，由于潮汐力和离极力的作用，泛大陆破裂并与硅镁层分离，而向西、向赤道作大规模水平漂移。虽然这部分理论被后世的科学家放弃，但是大陆是运动的这个思想是大陆漂移说的巨大贡献。

让我们看两个有趣的魏格纳提出大陆漂移说的依据吧！

这俺可游不过去……

图一

1 　图一这种中龙生存在石炭纪晚期，是一种主要生活在淡水的爬行动物。中龙的化石在非洲的纳米比亚和南美洲的巴西都有发现。魏格纳认为这说明了这些大陆在过去是相连在一起，后来才漂移分开的。要不然的话，你说这些龙是怎样跨越了海洋的呢？

图二

2 　在澳大利亚、印度、南美洲和非洲的古生代地层中，科学家们都发现了图二这种羊齿植物的化石。如果大陆不曾相连，很难想象这样的植物可以在古生代飘洋过海，遍布全球。

● 海底扩张说

　　20世纪60年代，英国科学家罗伯特·迪茨（Robert Dietz）和哈雷·赫斯（Harry Hess）提出了海底扩张说。他们认为在海洋地壳上的大洋中脊裂谷带是地幔物质上升的涌出口。地幔岩浆在这里上涌，冷却后形成新的洋壳，并以洋中脊为中心线，向两侧对称地扩张，同时把两边老的洋壳向两旁推挤，使老的洋壳在海沟处向下俯冲，潜入地幔而消亡。这证明大陆漂移的基本思想是正确的。

海底扩张说得到广泛认同的强有力的证据之一便是大洋磁条带的发现。新岩浆从洋中脊处不断喷涌出来，在冷却固化的过程中，当中的玄武岩、橄榄岩等会被外磁场磁化，记录下当时的地磁极的正反方向。随着新洋壳生成，老的洋壳在洋中脊两侧被对称地推开，地磁场的正负就在洋中脊两侧被岩石对称地记录了下来。大洋磁条带不仅证明了海底扩张的存在，而且根据它的宽度和时间跨度，科学家们还可以计算出海底扩张的速度。

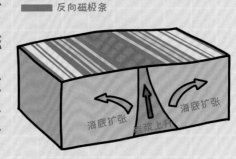

板块构造说

在大陆漂移和海底扩张的理论基础上，20世纪60年代末，科学家们提出了板块构造学说。这个学说认为地球的岩石圈并不是一个整体，而是由大洋中脊、海沟、转换断层、地缝合线、大陆裂谷等构造带分割成了许多构造单元，这些构造单元叫做板块。全球的岩石圈分为欧亚板块、非洲板块、美洲板块、太平洋板块、印度洋板块和南极洲板块，共六大板块。这些大的板块还可以继续划分成小的板块。比如，美洲板块可以分为北美和南美板块；印度洋板块可以分为印度和澳大利亚板块等等。这些板块漂浮在"软流层"之上，处于不断的运动之中。

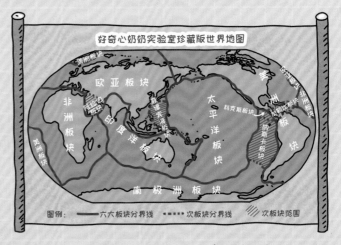

板块构造说是海底扩张说的发展，而海底扩张说及板块构造说，又使得大陆漂移的基本思想被证实。因此，人们称大陆漂移、海底扩张和板块构造为不可分割的"三部曲"。

板块运动的动力

板块运动的动力从何而来？现在的科学家普遍认为板块运动的动力来自于地幔的热对流作用——靠近地核部分的地幔受到了地核的高温加热向上运动，而在上部的地幔温度较低会向下沉，这样，热对流运动就产生了。地幔这样的热对流活动便带动了漂浮在它上面的岩石圈板块开始了平移的运动。

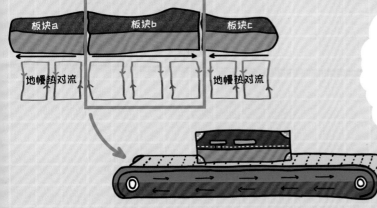

请你想象一下，地幔热对流运动就是传送带的运动，而地幔上方的板块就是传送带上一件件的行李箱。
那么，地幔热对流活动带动板块平移不就像是机场行李传送带正在运输行李箱吗？

5 不安分的板块

1 亲爱的读者，你已知道我们脚下的岩石圈块在缓慢地运动了，现就让我们来给你展示一在板块的边缘都发生了么，以及那里会有样的地形地貌吧！然，这部分展示要由桃桃和胡子哥来当体验官。

4

汇聚型板块边界两侧的板块相向运动，发生碰撞。这种边界又可以再分为两个亚类。

目前你们体验的是第一个亚类，叫俯冲边界。较重的大洋板块会向下俯冲，钻入大陆板块的下方。下探后的大洋板块最终会融化，融入地幔当中。由于大洋板块的下探，会形成海洋里的海沟。而在大陆板块一方，由于推挤的作用，会形成沿海的山脉，比如环太平洋的山系。

这样的板块边界周围经常会发生地震和火山喷发。

汇聚型板块边界——俯冲边界

救我！我要滑入海沟了！

哦，不，我过不去，桃桃，这里火山要爆发了！

大陆板块　　大陆板块

大洋板块

软流层　　软流层

5

汇聚型板块边界——碰撞边界

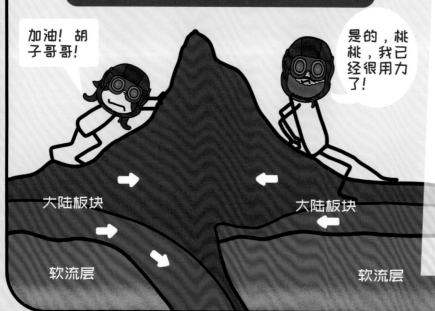

加油！胡子哥哥！

是的，桃桃，我已经很用力了！

大陆板块　　大陆板块

软流层　　软流层

当大陆板块与大陆板块相向运动的时候，形成了另一种汇聚型的板块边界——碰撞边界。两边的板块相互推挤，巨大的推力使得在板块相遇的地方高高崛起，形成高原和山脉。

这种板块边界形成的最典型、最为人熟知的山脉便是喜马拉雅山脉，它是印度洋板块和欧亚板块相互碰撞的产物，其最高峰珠穆朗玛峰还在以平均每年1厘米的速度升高。

由于强大的压力，这样的板块边界周围是地震频发的地带，但是并不会形成火山。

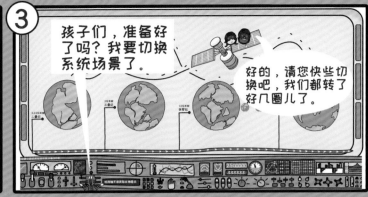

离散型板块边界

当两块板块相背运动的时候就形成了这种离散型的板块边界。

地幔的热对流运动推动两个板块向相反的方向运动，炙热的岩浆会从板块边界的地方溢出。当溢出的岩浆冷却后，就形成了新的地壳。

这种运动产生的最典型地貌就是洋脊，其中最有名的是大西洋洋中脊。西边的美洲板块与东边的欧亚板块和非洲板块相互分离，使得大西洋洋中脊在每年都以5至10厘米的速度向东西方向成长。

这样的板块边界周围经常会发生火山喷发。

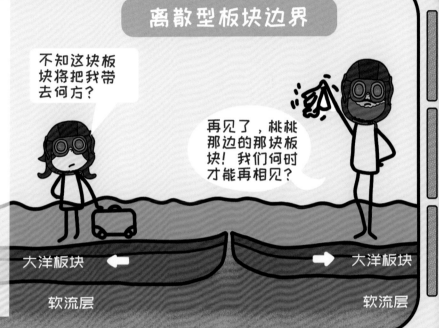

平错型板块边界

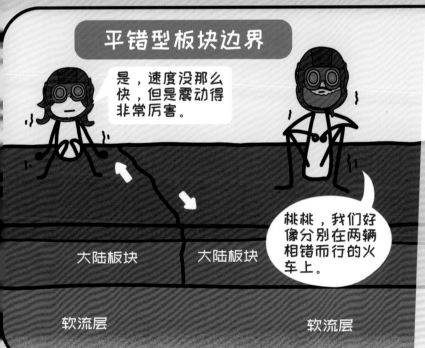

当两块板块水平相错运动，或者它们虽然向同一方向水平运动，但是运动速度不一样的时候，它们之间的边界就被称为平错型板块边界。

这种板块的边界不会有板块的生成或是消减，但是由于巨大的压力，这里也是地震的频发地带。

比较典型的平错型板块边界要数美国西部的圣安德烈斯大断层了。断层以西的太平洋板块向西北运动，而断层以东的北美板块向东南方向运动，形成了这个长达1300千米的大断层，这里可以说是地球上地层活动最频繁的区域之一。

好奇心奶奶实验室珍藏版世界地图

板块图标注：
欧亚板块　非洲板块　美洲板块　太平洋板块　南极洲板块　印度洋板块　纳斯卡板块　科克斯板块　加勒比板块　菲律宾海板块　美洲板块　阿拉伯板块　美洲板块

2008年全球4级以上地震震中分布示意图

图例：
● 震中位置

数据来源：国家地震科学数据中心

好奇心奶奶实验室全球板块分布示意图

图例：见图

数据来源：好奇心奶奶实验室

知识点
好奇心奶奶

板块在地幔的热对流作用下蠕动着，相互碰撞、拉扯、挤压、摩擦，这些运动虽然缓慢，但却蓄了很大的能量亟待爆发，一旦突然爆发，就是地震。

为了更形象地说明板块运动与地震的联系，并特别示意找出来两张地图，请看右边！

好奇心奶奶
图像合成！

把两幅地图叠放在一起，你会发现：

好奇心奶奶实验室珍藏版世界地图

美洲板块

欧亚板块

非洲板块

加勒比板块

纳斯卡板块

科克斯板块

太平洋板块

菲律宾海板块

印度洋板块

南极洲板块

阿拉伯板块

美洲板块

非洲板块

美洲板块

图例：

—— 六大板块分界线

- - - - ▶ 沉板块分界线

///// 沉板块范围

哇！绝大多数地震震中（红点）都和象征着板块边缘的蓝线重合了——科学家们研究了所有年份的地震资料，全都显现了这种联系，如此说来，地震的发生与板块运动密不可分。

再靠近一点点

断层的概念

　　断层是地下岩层受力断裂，并沿着断裂面两侧发生相对移动的构造。

　　板块的边缘就是一种断裂。板块内部也会有断裂，这种断裂的成因除了与板块运动有关，还可能与地质环境等其他的因素相关。

断层线：断层面与地面的交线。

断盘：断层面两侧发生位移的岩体。

下盘：当断层面倾斜时，位于断层面下方的岩体称为下盘。

上盘：当断层面倾斜时，位于断层面上方的岩体称为上盘。

断层面：构成断层的破裂面。断层两侧的岩体沿着这个面产生显著的滑动位移。

　　关系：地震往往由断层活动引起。而地震也会产生新的断层。

断层的构造分类——正断层

　　岩层因为受到张力和重力的作用而产生拉裂，上盘相对下降，下盘相对上升，这种断层叫正断层。

张力　压力　我跳！

张力　哎呀，好滑　压力

是的，是时候介绍断层的概念了——这是理解地震发生机理最后关键的一步了！

断层，简单来说就是地壳受力断裂后，断裂两侧的地壳岩层发生位移的一种构造。

之前介绍的所有类型的板块边界都是断层，但是反过来，断层并不都是板块边界。很多断层产生在板块内部，例如欧亚板块就是板块内断层发达的地区。

断层的构造分类——逆断层

岩层因为受到挤压，上盘相对上升，下盘相对下降，这种断层叫逆断层。

断层的构造分类——平移断层

当岩层受到水平方向的力而发生左右位移的时候，就会产生平移断层，也叫走滑断层。

活断层是指距今10万年来有过活动，今后仍有活动的可能性的断层。活断层在我国分布很广泛，特别是藏东–川西那一带，断层活动比较强烈，由此引发的地震灾害也比较频繁。
如果已经探明了活断层的位置，那么城市和基础建设就应该避开这个区域，这样会很有效地减轻地震灾害的损失。

地震是地球表层的震动。广义上说，根据震动性质的不同，地震可以分为：

脉动：大气活动、潮汐引起的地球表层的经常性微动；

人工地震：核试验、爆破等人为因素造成的地面震动；

天然地震：自然发生的地震现象。

从狭义上说，人们平时指的地震就是天然地震。现在就让我们来看看天然地震因为成因的不同又能分几类吧！

天然地震的类型

构造地震

当地下深处岩石发生错动、断裂时产生的地震是构造地震，也被称为断层地震。这种地震的活动频繁、影响范围广，而且破坏力大，是地震研究的重点。

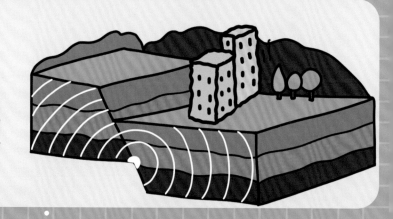

90%

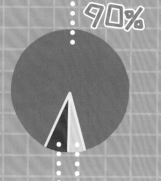

火山地震

火山活动时，岩浆喷发会产生冲击作用或者热力作用，在这样的作用下，会引起火山地震。火山地震一般只发生在火山活动的地带，震源一般不超过10千米，影响范围相对而言比较小。

7%

3%

陷落地震

在石灰岩等易熔岩分布的地区，地下水长期侵蚀易熔岩，会形成许多溶洞。溶洞的洞顶塌落的时候，岩层崩塌，就会发生陷落地震。这种地震的震级和影响范围相对比较小。

挑 战 一 下 —— 这就是断层

准备工作

材料： 一包威化曲奇饼干

工具： 一把小餐刀

挑战一：正断层

a. 用餐刀将曲奇切出上盘和下盘的形状。

b. 拿住两侧的下盘曲奇，将中间的上盘曲奇夹起来，然后……惊险的动作来了——轻轻松一松向内夹紧的力。发现了吧，这一松，中间的上盘曲奇会向下落。这就是正断层的运动过程。

当然，如果你没有掌握好这松一松的力道，上盘曲奇将会完全跌落，粉身碎骨。

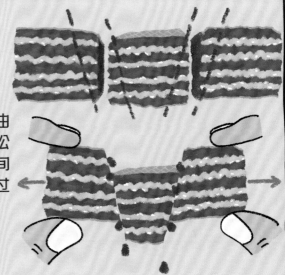

挑战二：逆断层

如同正断层实验，先将上盘曲奇夹起来，然后请继续向中间施加挤压的力道，或者边挤压边前后错一错下盘曲奇。你会发现上盘曲奇在这样的作用下升起来了。这就是逆断层的运动。

挑战三：走滑断层

a. 直接拿出两块曲奇，不用做任何切割。

b. 请拿住两块曲奇做前后相错的动作。你会发现相互摩擦的曲奇面不断有曲奇碎末儿掉下，曲奇上面的那一层也可能会掀起来。这就是走滑断层的运动了。

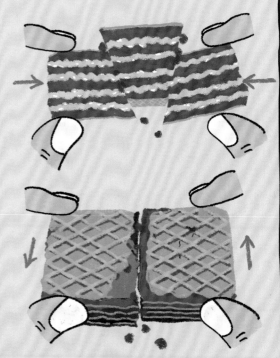

本实验所需材料在各大超市、便利店均有出售；实验过程操作简单、效果明显，并且美味可口、环保节能，向大家强烈推荐！

你还有什么办法模拟断层运动吗？比如用快递纸箱制作断层盘体？或是用橡皮泥？想到了就动手做一做、试一试吧！

③

合适啦!

震中:地面上正对着震源的点叫作震中。不过现在地震学中的"震中"通常指一个区域。

震源深度:从震源点到达地面的垂直距离就是人们所称的震源深度。

震源深度越浅,震源离地表越近,给地面带来的震动就越强,地震的破坏力就越大。

咚!

咚!

这个深度合适不?

震源:地球内部发生破裂的点,巨大的能量就是从这里释放出来的。

④

震级:用来衡量地震本身大小的量度,表示震源释放出的能量的大小——释放的能量越大,地震震级也越大。

请再看看正在震源敲鼓的地图猫!他敲击的力度越大,释放的能量越大,在地面上的我们晃动得越厉害。所以说,地图猫的敲击决定了我们这次实验的"震级"大小。

盘子、杯子、碗……为什么这里晃得这么厉害我还要做这么高难度的动作?

距离震中100千米以内的地震叫地震

震中

标尺未按比例显示

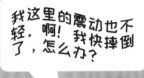

烈度：同样震级的地震在不同的地方造成的破坏程度并不相同。就算是同一次地震，在不同地方造成的破坏也是不同的。

看这里——同样在地图猫造成的第N次震动中，胡子、桃桃和我感受到的破坏程度是不同的。到底该如何衡量和表示地震的破坏程度呢？人们引入了另一个概念——地震烈度。

影响地震烈度的因素：
震级：　　　　震级越大 ⟶ 烈度越大；
震源深度：震源深度越浅 ⟶ 烈度越大；
震中距：　震中距越近 ⟶ 烈度越大。
当然，震区的土质条件等因素也会影响烈度的大小。

震中距：从地面上一点到震中的直线距离就叫作震中距。震中距越小，受地震的影响越大，反之，震中距越大，受地震的影响越小。

亲爱的读者，好奇心奶奶实验室精心制作了地震烈度分级解说图。请仔细观赏学习。
敬

好奇心奶奶
知识点

地震烈度分级解说图

除了地震仪的记录，I度人们通常感觉不到。

II度 个别感觉非常敏锐的人或许有感觉。

室内悬挂物轻微晃III度动，少数人开始感到地面摇晃。

IV度 室内摆放不稳的物品开始摇晃、碰撞，人们感到地面晃动。

家畜不宁、门窗作响、墙壁出V度现裂缝。

VI度 人们开始站立不稳、室内家具翻倒，各种小物件掉落。

人们难以站立、建VII度筑物有轻微损坏，地面出现裂缝。

VIII度 建筑多有损坏、树枝折断、地下管道破裂。

建筑物大多受IX度破坏、岩石开裂错动、山体滑坡塌方、铁轨弯曲。

X度 房屋倾倒、道路毁坏、河水溢出河道。

房屋大量倒塌、XI度山崩地裂、路基河堤崩塌。

XII度 建筑物几乎全部被毁坏、山河改观、动植物毁灭。

地震学家小档案

查尔斯·弗朗西斯·里克特（Charles Francis Richter）1900-1985
美国   地震学家

哦，今天又要上电视了吗？太好了！几点？什么节目？有现场观众吗？我的领带还可以吧？

里克特是美国最负盛名的地震权威。1935年，担任加州理工大学地震研究室负责人的他和前面介绍过的古登堡教授一起发明了一种地震震级标度，就是上个世纪被广泛使用的"里氏震级"。

里克特老伯热衷和媒体打交道，也会非常热心地为民众解答有关地震的问题，这大大推动了地震知识的普及，当然也大大增加了他的学术地位和名气。

挑战一下——玩转地震大数据

地球一年会发生500多万次地震，每天发生的地震就有上万次。数以千计的地震仪在世界各地日以继夜地观测记录着每次地震的各种数据。这么庞大的数据量，就像地球先生不断发送给人们的情报密码，我们必须要整理、分析、解读，才能弄明白他要传递给我们的信息，真正地认识地震、预防地震灾害。那么就让我们试着做几组简单的地震数据分析吧！

第一步：获取数据

建议你使用"中国地震台网"的"历史查询"功能获取权威的数据。你可以选取你想要查询的时间范围、地理范围、震级范围等等。

第二步：按时间统计

请选择任意一年的地震数据，统计一下每个月发生的地震数量，然后按月做个柱形图。如果你愿意，可以像我在右图里做的那样，将地震次数按各震级范围分开记录。你看，哪个月地震发生最多？一目了然！

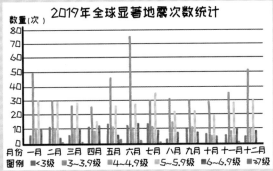

第三步：按地区统计

还是利用刚刚那一年的地震数据，统计出十大发生地震次数最多的地区/国家吧！这个数据还是用柱形图来表示比较清楚，你觉得呢？

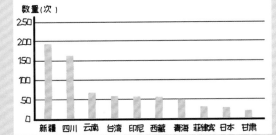

第四步：按震级统计

还是……利用刚刚那一年的地震数据，统计出不同震级的地震发生次数在一年地震总次数中的百分比吧！这个统计用饼图！具体怎么做这些图？请教一下爸爸妈妈吧！他们一定很乐意告诉你。

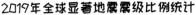
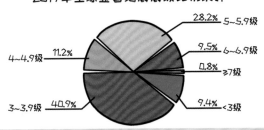

8 地震不只是地震

地震先生

① 哈，没想到我的V□设备能有这么真实体验！年纪大了，体验一个项目吧。哟，发型乱了，不好意思。

④

在山地地区，一旦发生地震，非常容易引发山体滑坡和泥石流等次生灾害。

地震一发生，山体的稳定性下降，山上的土层和岩石就会顺山坡向下滑动，这就是山体滑坡。如果再遇上大雨，或者地震引发附近水坝溃坝，洪流就会沿山坡冲下，其间裹挟着大量的泥沙、石块等固体物质，这就是泥石流。山坡的坡度越陡，山体滑坡或泥石流的下冲速度就越快，破坏力就越大。

山体滑坡和泥石流不但会埋没山脚下的民居、农田，还会阻断交通、堵塞河道并形成堰塞湖，破坏力极强。

山体滑坡、泥石流

⑤

土壤液化

怎么就突然陷下去了？这可怎么办？

在河岸、海岸、填海新生地等地区，土质主要以充满水的砂质土壤或黏土为主。当地震发生在这样的区域时，就容易导致土壤液化，这是城市地震危害的主要根源之一。

没有地震时，土壤与水分子之间维持着一个稳固的状态。地震一来，强烈的晃动打破了这种状态，砂土颗粒之间的接触力没有那么强了，这就使得土壤的承载能力下降，从而引起房屋下陷、倾斜以及喷砂等现象。

日本的新潟、关东、熊本、札幌等地都出现过地震引起的土壤液化灾害。

③

啊？这么快？我还没敲够呢！

地图猫兄弟，玩够了没？要切换到最后一个体验啦！

已经到了最后一个项目了？好的，我去切换系统设置。

003号VR系统体验日志
体验日期：2021年1月25日
体验人：桃桃、胡子
体验项目：探索地震的奥秘
体验流程：
☑钻地机体验地心构造
☑高空观看大陆漂移
☑亲身体验板块运动模式
☑近距离观察断层
☑地震量度指标模拟实验
☐地震及其次生灾害

这最后的项目对桃桃和胡子来说一定非常震撼！

堰塞湖

这些处在下游的房屋和住在里面的居民太危险了！

地震发生引起山体崩塌下落，堵塞山谷河道。河流被拦截，流水聚集并向四周溢开，水面上升到一定程度形成的湖泊就是堰塞湖。

堰塞湖的危险性极大，一是它的水位会在短时间内迅速上升；二是它的堵塞物本身就不稳定，再加上可能受到的冲刷、侵蚀、崩塌等破坏，非常容易造成堰塞湖决口。堰塞湖一旦决口，洪水奔流而下，会对下游造成极大的破坏力。

2008年四川汶川地震造成了34处堰塞湖危险地带。其中最大的唐家山堰塞湖最高库容一度达到了3.2亿立方米，在当时非常危险。

海啸

发生在海中的地震，会引起大海的涌动，形成海啸。

海啸在海水比较深的地方行进速度非常快，可以达到每小时800千米，都快赶上喷气式飞机了。而在海水比较浅的地方，海啸的速度会减缓。但后面行进快的波浪会不断叠加在前面比较慢的波浪上，这样就形成了巨大的水墙，水墙拍向海岸，击毁并冲走一切，非常恐怖。

2004年12月26日，印尼苏门答腊岛附近海域发生的大地震就引发了巨大的海啸，夺去了近30万人的生命。

太恐怖了！巨浪的速度太快了，我不想体验了！

地震这种自然灾害本身就已经非常可怕，而且还会引发那么多的次生灾害，让我给大家看几个臭名昭著的地震吧！

① 旧金山 1906

- 1906年4月18日5时12分
- 震级7.8级
- 震源深度8千米
- 震中位于接近旧金山的圣安德烈斯断层上
- 地震持续约60秒

相较于后续的余震，随之而来的大火更令人生畏。地震破坏了天然气管道，引发了火灾。令人难以置信的是，还有大批民众自己放火烧毁房屋，因为保险公司只对火灾损失而非地震损失进行赔偿。地震加上火灾令旧金山市中心被夷为平地，28000幢建筑被毁，3000多人失去了生命，近23万人无家可归。这是美国主要城市历史上遭受的最严重的自然灾害。

智利 1960 ②

- 1960年5月22日14时55分
- 震级9.5级
- 震源深度35千米
- 震中为智利瓦尔迪维亚
- 地震持续约12分钟

这是人类有仪器记录以来震级最大的地震，连带前震和余震从5月21日一直持续到6月6日，震害面积超过40万平方千米。地震引发了十分罕见的地裂，数个地方地表产生了新的断层，不计其数的罹难者坠入裂缝而失踪。这次地震不仅危害智利，地震引发的海啸更加横跨太平洋——夏威夷、日本、菲律宾、新西兰、澳大利亚、俄罗斯等地都遭到了极大的破坏。

③ 唐山 1976

- 1976年7月28日3时42分
- 震级7.8级
- 震源深度12千米
- 震中为中国河北省唐山市
- 地震持续约23秒

唐山大地震发生在深夜人们熟睡时，绝大部分人毫无防备，加之当时唐山抗震设防等级低，人们对地震的认识也不足，这些因素加剧了这次突发地震的破坏力，造成了严重的伤亡。据统计，在这次地震中，唐山78%的工业建筑、93%的民居遭到了严重破坏，死亡人数约为242769人，重伤人数约为164851人。

印度尼西亚 2004 ④

- 2004年12月26日8时58分55秒
- 震级8.7级
- 震源深度30千米
- 震中位于印度尼西亚苏门答腊岛亚齐省西岸160千米
- 地震持续约8分钟20秒

印度洋板块与欧亚板块的汇聚运动导致了爪哇海沟附近的断层破裂，引发了这次地震。地震释放出的能量进而使得海底产生变形，海浪向上推高，迅速向四周传播，形成了威力巨大的海啸，席卷了整个印度洋沿岸地区，在海岸线掀起的海浪高达10到30米。由于地震和海啸波及的地区多是旅游胜地，再加上当时正是圣诞节假期，这次灾害造成了大量的人员伤亡。据不完全统计，仅死亡人数就高达近30万人。因此这次灾难也引发了人们对于海啸成因和预警的讨论和重视。

⑤ 汶川 2008

- 2008年5月12日14时28分
- 震级8.0级
- 震源深度14千米
- 震中位于阿坝藏族羌族自治州汶川县映秀镇附近
- 地震持续约2分钟

截至目前，汶川地震是中华人民共和国成立以来破坏力最大的地震，其地震波围绕地球传播了6圈，中国各地除黑龙江、吉林、新疆外都有不同程度的震感。近七万人在这次地震中丧生，还有近18000人失踪，37万多人受伤，近2000万人流离失所。自2009年起，每年的5月12日都是"全国防灾减灾日"。

⑥ 日本 2011

- 2011年3月11日14时46分
- 震级9.0级
- 震源深度20千米
- 震中位于仙台市以东的太平洋海域

这次地震是日本历史上第一个达到9级的地震，它使本州岛发生移动，地球的地轴也因此发生了偏移。这次地震还引发了日本史无前例的大海啸，日本太平洋一侧共2000千米的海岸线受到了不同程度的海啸侵袭，其中约500千米的沿岸地区海啸峰值高度超过了10米。雪上加霜的是，地震海啸还导致了福岛第一核电站的爆炸，发生了核泄漏。据专家估计，完全消除掉这些有害核泄漏物质的危害后果至少需要80年。

9 能不能预报地震

好奇心奶奶实验室

再见！孩子们！要是有什么问题就再来找我吧！

拜拜，亲爱的好奇心奶奶！

①

刚才的最后一个体验太吓人了！地震真的是太可怕了！

胡子哥哥，你说地震可不可以被预报呀？

说的是呢，心有余悸，心有余悸……

经常听说地震仪……这玩意儿是不是可以预报地震？

②

最新复原的地动仪模型手绘图（2008）

公元132年，我国东汉科学家张衡发明了世界上第一台地震仪——地动仪。根据《后汉书》的记载，地动仪由精铜铸造，形状像一个大的酒樽。在"酒樽"外周的东、南、西、北、东北、东南、西南、西北八个方向各设有一个口含铜珠的龙头，而每个龙头下方都蹲坐着一只大蟾蜍。当一方地震时，传来的震动触发地动仪的机关，使得该方向的铜珠从龙口落下，掉到蟾蜍嘴里，"铛"的一声，人们就会知道这个方向有地震发生了。公元134年，位于洛阳的地动仪曾经感知到了发生在千里之外的陇西地震，真是令人赞叹！

很可惜，张衡地震仪的原件在汉末的战乱中遗失了，但是它在收集和传递地震信息方面的成就意义非凡，至今都在不断带来启迪，值得人们继续深入研究下去。

地震学家小档案

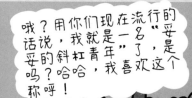

哦？用你们现在流行的话说，我就是一名"妥妥的斜杠青年"了，是吗？哈哈，我喜欢这个称呼！

张衡（Zhang Heng）	78 - 139
中国	科学家 / 文学家 / 政治家

张衡，生于东汉时期，一生成就非凡。除了发明地震仪，他著有我国第一部重要的天文学理论著作《灵宪》；第一次解释了月食的成因，还在前人成果的基础上改造了观测天象的浑天仪；他计算出了准确到小数点后一位的圆周率；也曾制作出可飞行数里的机械木鸟……除了在科学领域取得的伟大成就，张衡还是一位杰出的文学家，他不但被誉为"汉赋四大家"，还开创了七言古诗这种诗歌体裁，十分了不起。

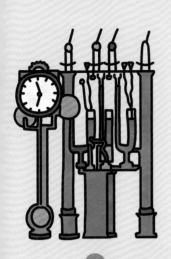

1856年
意大利科学家卢伊吉·帕尔米里发明了高级水银验震器。

1893年
英国人约翰·米尔恩发明了水平摆地震仪，是第一台精确的地震仪。

1901年
德国地震学家维歇特制造出了倒立摆地震仪，大大提高了记录信号的带宽。

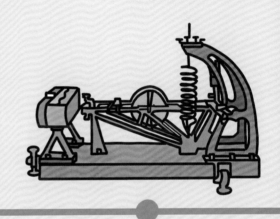

1922年
伍德-安德森扭力地震仪被研制出来，并被用于"里氏震级"的研究和测量。

1906年
俄国科学家伽利津研制出了电磁换能地震仪，大大提高了地震仪的灵敏度。

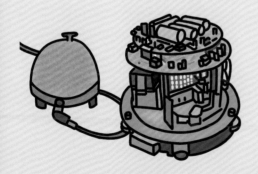

这些地震仪确实非常了不起啊！可是……它们只能探测和记录地震的发生，却还是不能预报地震啊……

2002年
德国斯图加特大学的Wielandt教授研制成功力平衡反馈地震仪，成为21世纪地震仪的主流，宽频带一体化的数字地震仪已经在全球普及。

注：此页各时期地震仪均为桃桃绘制的示意图

还记得吗?之前我们在介绍地震学家莫霍洛维奇和古登堡的时候提到过地震波,他们利用地震波的传播特性发现了地球内部构造的组成,而在前一页我们提到了各式的地震仪,它们能监测记录大地的震动,就是靠探测采集地震波的数据。那么地震波到底是怎样的一个存在呢?

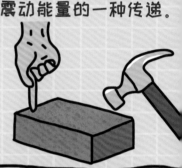

让我们先看一个你最熟悉的波动吧!当你向池塘中投入一个小石子的时候,你会发现什么?没错!除了溅起的美丽水花儿,还有一圈圈的水纹从中间扩散出来。这就是水波。中间最初的水波很大,然后越向外扩散水波会变得越微弱,因为水波在向外传播的过程中能量逐渐削弱了。我们常听说的波还有声波、光波、无线电波、微波等等。其实,波是自然界的一种现象,它是震动能量的一种传递。

而地震波就是以大地震动为能量来源的一种波动。现在,请你准备一把锤子和一块砖头,然后像右图那样,将手指按在砖头的一端,然后用锤子轻轻敲击砖头的另一端。你的手指感受到震动了吗?改变锤子敲击的力度,你的手指感受到的震动是不是也不一样?这个小实验比较直接地演示了地震波的存在。但是地震波并不这么简单,也不仅仅只有一种样子,且听我慢慢道来……

挑 战 一 下
——我们就是地震波

安全提示:请在老师或家长的指导下进行此实验!

准备工作	材料:	5～6个 "抗打击能力" 强的同学
	工具:	你坚实的臂膀

实验安全最重要!

实验一

<u>准备动作</u>:如右图a,请让你的同学们面向同一方向排队站好,后面的同学伸展双臂搭在前面同学的肩上。

<u>实验开始</u>:用你的双臂使劲推最后一个同学的背部。

<u>实验发现</u>:如右图b,你的同学逐一向他们面对的方向迈了一大步,像弹簧一样传递了波动的能量。

实验二

<u>准备动作</u>:如左图a,请让你的同学们排成一排面向前站好,手臂挽着手臂,要有团结一致的气势。

<u>实验开始</u>:用你的双臂挽住最靠边的同学的臂膀,前后摇动他。

<u>实验发现</u>:如左图b,你的同学前后晃动,像摆动的皮鞭一样传递了波动的能量。

好奇心奶奶
知识点

经过了小挑战，是时候详细说说地震波了。

当地震发生的时候，震源周围的介质发生变化碰撞，如同石子投入水中或是锤子敲打砖块，形成了一个波源，这个波源的能量会借着地球内部和表面的介质传播开来，形成地震波。

地震波传播的形式可不止一种，分为体波和面波。体波是指在地球内部传播的地震波，而面波是指在地球表面传播的地震波。体波和面波还可以根据传播特性被继续细化分类。

A. 体波

P波（Primary Wave）

P波中的"P"是"最初"的意思。P波速度最快，最先从震源传播到震中。这种波会挤压和拉伸岩层。P波的质点振动方向和波前进的方向平行，所以又被称为纵波。P波可以在任何介质中传播，包括固体、液体和空气。

S波（Shear Wave）

S波中的"S"是"剪切"的意思。它的速度没有P波快。S波的质点振动方向和波前进的方向垂直，所以又被称为横波。地震波80%~90%的能量都在S波上，它是地震破坏的元凶。

B. 面波

勒夫波（Love Wave）

1911年，英国理论地球物理学家勒夫（A. Love）在地球动力学的理论研究中预见了这种面波，所以便以勒夫命名了它。勒夫波的质点在垂直于波动传播的方向上沿着地球表面振动，很有破坏性，一点也不充满"LOVE"。

瑞利波（Rayleigh Wave）

瑞利（L. Rayleigh）曾因发现氩、氦、氖和氙等惰性气体以及对空气密度的研究，获得1904年诺贝尔物理学奖。他在1885年奠定了弹性面波的理论基础，并在1887年预见了一种面波，命名为瑞利面波。瑞利面波的质点在垂直面上呈椭圆形振动。

勒夫波和瑞利波是由于地震波在地表和地下界面之间的多次反射和叠加而形成的，故而都沿着地球表面传播，均被后来的实际观测所证实。

10 做个自己的地震仪

所需材料：

快递箱子　　一次性杯子　　废纸条子　　橡皮筋子

棉线绳子　　烂笔头子　　小石子

所需工具：

剪刀　　裁纸刀　　锥子

制作开始！

步骤一：先把快递箱子整漂亮点！这一步需要：

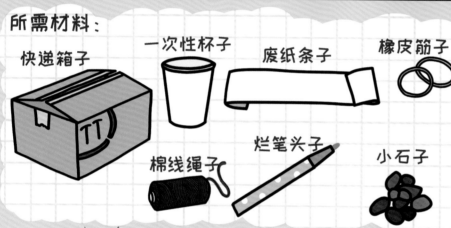

A. 把上盖四周的边剪掉（将箱子的四个侧面分别叫作a、b、c、d，这个命名以后可是有用处的哦）。

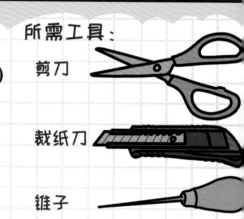

B. 将箱子c面挨地放好，在a面中间处钻两个孔，两孔之间相隔8cm即可。

步骤二：加工一下一次性纸杯！这一步需要：

C. 在b面与c面及d面与c面的交界处，用裁纸刀割出两道细缝，宽度可供你的纸条穿过，如图所示。

A. 从杯子口向下量8mm，每隔90°用锥子锥一个洞。同时，在杯子底部中心也锥一个洞，这个洞可以大一点。

B. 在杯口处的相对的两个小洞各拴一根皮筋。这两根皮筋是固定笔的上端用的，而笔就插在杯底的那个洞里。

步骤三：把箱子和杯子连起来！这一步你需要：

A. 在剩下的两个距杯子口8mm的洞中分别穿入两根棉绳。

B. 向杯子中放入石头子。

C. 将两根棉绳分别穿过箱子a面我们打好的孔，提高棉绳把杯子提起来，提起的高度要刚刚好使得笔尖挨地。

请系个漂亮的蝴蝶结，以保证实验设备的优美性。

我也不明白，打个电话问问好奇心奶奶哈！

胡子哥哥，为什么要向杯子里放石头呢？

哦，是这样！加入石头可以增加杯子这个摆锤的质量，质量越大，惯性就越大。当地面晃动起来的时候，因为惯性的原理，杯子和笔能够维持在原来的位置，使得地震仪得以忠实地呈现地震原始的震动。

步骤四：这一步很简单！你只需要：

将纸条穿过之前割出的两道细缝。对，就是这样。

开始实验：

　　找另一个纸箱当作地面，将我们的实验仪器放在上面。现在，一个人缓慢匀速地拉动纸条，你会发现轻触纸条的笔在纸条上留下了一条长长的直线——这是没有地震发生时的状态。

成功！

　　接着，地震发生了！我们用晃动下层箱子的方法来模拟地震的发生。这时，你会发现笔尖在长纸条上留下了波动的痕迹，而且，下层箱子晃动得越厉害，波动的幅度就越大呢。原来，制作地震仪就是这么简单！

一、不安分的水能预报地震？

现象：井水水位急剧下降或突然喷涌；湖泊起泡；海水沸腾；泉水断流；水有怪味儿，变浑，水温升高等。

实例：1976年唐山大地震前，河北、山东、辽宁、吉林等地区发现几百起水异常现象，甚至还有废井喷油，枯井喷气的现象发生。

不安分的水 ？ 地震发生

但是一定要注意，当水出现这些异常的情况时，并不都意味着地震的来临。因为引起水的异常的原因有很多，比如气象因素啊，污染因素啊，还有可能是当地的地质因素。

哈喽，孩子们！谢谢你们邀请我听你们的学习报告！啊，摄像头还要再对准一点……

喂喂，好奇奶奶……开始

千万要留意不是任何不寻常的"咔嚓嚓"或是"轰隆隆"都是地震震动将要来临时的躲避信号。
补充一句，地震前的这种声音很沉闷，而且震级越大，就越沉闷。

嗯，桃桃说得对！

好奇心奶奶，马上要到我讲了！

二、神秘的声音能预报地震？

现象：大地传来"咔嚓嚓"或是"轰隆隆"的声音，有时像闷雷，有时像沉闷的爆炸声，有时像狂风呼啸的声音。

实例：唐山大地震前，有位老师在凌晨听到了隆隆的地声，便叫醒四周的人离开了建筑物，躲到空旷地带，结果3点42分，大地震便发生了！

神秘的声音 ？ 地震发生

三、奇异的云朵能预报地震？

现象：天空上的云朵呈现出好似鱼鳞的网状；好似肋条的波状或好似飞机飞行尾迹的带状。

实例：1948年6月27日，日本奈良市上空出现了一条奇怪的带状云。第三天，日本福井便发生了7.3级大地震。

奇异的云朵　？　地震发生

其实，人们认为形状怪异的云朵对于气象学家来说一点也不罕见。云朵的形状大多与高空气流活动有关，和地震并没有什么关系。有的人认为所谓地震云的成因是地震前地热溢出或地磁场变化导致空气中的水汽形成有序排列。可就算这是真的，那我们直接观察地热和地磁场变化不就行了吗？！

四、诡异的亮光能预报地震？

现象：地面出现亮光，有的笼罩地面，有的像一条飘带；有的像一串火球。亮光的颜色主要是白中发蓝，也有红色或黄色。

实例：唐山大地震发生时，有人看到庄稼地上空的一片蓝光，有人看到一条红黄相间的光带，还有人看到白色的闪光。

诡异的亮光　？　地震发生

天空中的诡异亮光有很多种，它们可能是霞光、闪电、极光、流星、电线走火的火光等等，大家一定要仔细甄别才行啊。

孩子们，焦点又不太对了……

从我们列出的现象也可以看出，这简直就是把任何极端的天气现象都算作是地震的前兆了。气候的变化主要和太阳辐射，大气环流以及地理环境相关，至于和地震的关系嘛……目前还没有明确的结论。

得，这回彻底什么也看不见了！孩子们，喂……

五、奇怪的天气能预报地震？

现象：持续的干旱后突然降雨；持续的降雨后突然放晴；高温高压，万里无云；或是狂风不止，大雨滂沱。

实例：1966年邢台地震之前3年，邢台先后经历了百年不遇的特大洪水，连续40多天的涝灾和几十年未见的大旱灾。

奇怪的天气　？　地震发生

很多人认为动物通常具有比人类更加复杂和敏感的感知系统，因此对地震发生前的一些环境变化感觉更加灵敏，民间甚至还流传着许多描绘地震前动物的异常表现的民谣。

六、反常的**动物**能预报地震？

现象：震前动物有预兆，抗震防灾要搞好。
牛羊驴马不进圈，老鼠搬家往外逃；
鸡飞上树猪拱圈，鸭不下水狗狂叫；
兔子竖耳蹦又撞，鸽子惊飞不回巢；
冬眠长蛇早出洞，鱼儿惊惶水面跳。
家家户户要观察，综合异常做预报。

—— 摘自中华人民共和国自然资源部网页

啊，这样的视角比刚刚好多了！
地图猫兄弟，你也快来听听吧，很有趣！

千万别认为只要动物行为出现异常就一定意味着将要发生地震。天气的变化，动物本身生病了、发情了，或是小脾气发作了，都会让它们表现得不正常。

六、反常的**动物**能预报地震？(续)

实例：1975年2月海城发生7.3级地震前，人们发现本应冬眠的蛇爬出了洞口，钻进了雪地里，同时还出现了很多老鼠四处乱窜。另外，牛、马、羊、猪等牲畜也有异常行为。

反常的动物 ➡️❓ 地震发生

嗯嗯，确实是这样！

快看！老鼠！往哪儿跑！

七、突来的**小震**能预报地震？

现象：在主震最大规模地释放能量之前，往往会有规模稍小的地震发生。

实例：2010年4月14日5时39分57秒，青海玉树发生了4.7级地震，两个小时后的7时49分，一场7.1级的地震再次袭击了玉树，造成了大规模的人员伤亡。

突来的小震 ➡️❓ 地震发生

可是，问题的关键是人们现在还不能准确判断某次地震到底是孤立的一次规模较小的地震，还是整个地震序列中的前震，而且有时候，前震距离主震的时间长达两……年，这就更增加了判断的难度。

请注意，这里说的是预警系统，虽然客观上它给人们提供了一定意义上的预报功能，为人们争取时间避险提供了机会，但是，它是在地震发生之后才发出警报，并不是严格意义上的地震预报。

八、地震的预警系统

定义：利用地震台网监测捕捉地震信息，在地震后迅速计算地震的规模和影响范围，在破坏性的S波和面波尚未到达防范区域时，向区域内发送警报的系统。

实例：2011年日本"3·11"大地震时，日本的紧急地震速报系统在震后8.6秒向民众发放了警报，为距离震中不同远近的居民提供了18秒至1分钟的预警时间。

发送信号
接收信号
P波
防范区域
S波

长期的观测和统计是个可行的研究的方向，但是以目前的研究水平，还远远达不到预报地震的要求。

九、观测、统计与概率

通过长期监测和记录板块的运动和地质环境的变化，以及对过往地震数据的分析，科学家试图计算出在某地未来发生地震的可能性。而这个未来可以是几年、几十年或几百年。

实例：圣安德烈斯断层附近的小镇帕克菲尔德在1857至1966年间每隔20至30年便会发生一次6级左右的地震，科学家据此预测该地将于1992年左右再次发生地震，但该地直到2004年才又发生地震。

北美板块
加利福尼亚州
圣安德烈斯断层
帕克菲尔德
太平洋板块

是的，是的，非常同意！

哎呀，好难呐！预报地震太难了！

十、到底能不能预报地震？

不能 NO

人们不可能像预报天气那样准确预报在什么地方、什么时刻、发生多大规模的地震。地震发生的过程太复杂了，而人们对地球内部的认知少之又少，很多科学家都发表论文论证了地震的不可预测性。

能 YES

人们已经可以根据大数据预测出在某些地方某个时间有可能发生大地震。这样的预测有总比没有好。只要人类加强观测、坚持研究、积极探寻地震预报的新途径，乐观面对，这个世界级难题有朝一日一定能被攻破。

Bravo Bravo……
你们太棒了，孩子们！你们做的这个调查非常全面，把地震预报这个课题讲得也很透彻！

就是要有这样的学习态度和钻研精神！非常欣赏你们。你们以后每次遇到难题，一定要用这样的方法探索和学习！加油吧！

你们太厉害了！加油吧，少年！

12 一定要防患于未然

哎，目前还不能预报地震……地震来了就是来了，这太可怕了！

①

一位法国学者曾经说："每个研究人类灾害的人都可以确信，世界上大部分不幸都来自于无知……"。让我们看看人们对地震避险的无知都酿成过什么惨剧吧！

2005年11月26日
中国江西
震级5.7级

这次地震的震中位于江西省九江与瑞昌交界处，同时临近的湖北省也受到了波及，根据当年的新闻报道，地震发生时，湖北黄冈市、黄石市的一些学校在疏散学生的过程中，发生了多起拥挤踩踏事件，造成百余名学生受伤，其中十余人重伤。

2015年10月26日
阿富汗兴都库什地区
震级7.8级

在这次地震中，至少有365人丧生，其中最令人惋惜的是一所学校中的12名女生，她们在从教室撤离的过程中遭到踩踏而失去了生命。同时还有30名女生因为这起事故受伤住院。瞧，又是撤离疏散时踩踏造成的惨剧！

2013年4月20日
中国四川
震级7.0级

这次震中为四川省雅安市芦山县的地震也影响到了成都市。成都大学的五名大学生在睡梦中感到了地震的摇晃，他们为了避险，竟然从楼上的寝室跳了下去，导致受伤，其中一名摔成了重伤。

这样的事故太令人唏嘘了。如果采取适当的避震方法，完全可以避免这样的伤亡啊。确实，目前人们还是太缺乏地震应急知识，缺少地震应急训练了！

日本是一个地震多发的国家。根据2014年日本内阁办公厅《灾害管理白皮书》的统计显示，虽然日本国土面积非常小，但是2003年至2013年全球6级以上的地震约18.5%都发生在日本，而同样年份内因地震等自然灾害遇难的人数，日本只占全球的1.75%。日本是怎样做到减少地震危害的？地震演习功不可没！

椅子靠垫

为了纪念1923年9月1日发生的关东大地震，日本从1960年开始把每年的9月1日定为全国防震日。在这一天的前后，日本全国上下都会组织防震教育和演习，不论是在学校、公司还是社区，人们都会学习最新的地震动态，还会进行逃生、自救、互救和综合防灾的演习。

以日本的小学为例，每学期同学们都会进行地震演习。在演习中，同学们会练习用椅子靠垫、书包等保护好头部，按照事先规划好的路线，从容有序地撤离到安全区域。

他们会练习在地震发生时俯身躲避在书桌下保护自己。

他们也会练习在模拟的冒着浓烟的火场中用湿毛巾掩住口鼻，俯身逃生。

防灾演习可以让人们具备足够的防灾常识，在地震真正来临时凭训练出的本能反应，采取最正确的避险行动。

请看看左图的统计数据。我们发现2009年至2018年日本因地震死亡和失踪的人数相比1946年至1955年有了很大程度的下降（请忽略2011年"3·11"地震的数据，那次地震实在太可怕了，此特殊案例不考虑在内）。能有这样的进步，防灾演习立下了汗马功劳。

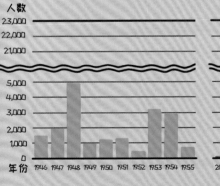

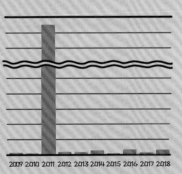

1946—1955年及2009—2018年地震失踪/死亡人数对比

人数
23,000
22,000
21,000
5,000
4,000
3,000
2,000
1,000

年份 1946 1947 1948 1949 1950 1951 1952 1953 1954 1955   2009 2010 2011 2012 2013 2014 2015 2016 2017 2018

数据来源：Nippon.com

嗯，这样的效果确实让人心情舒畅多了。面对地震这个人类尚无法阻止的自然灾难，做好准备、防患于未然是目前最好的应对方法，所以，请一定定期并且认真地参加学校和社区组织的地震演习和科普活动呀！

13 我是坚强的好楼房

挑战一下——如何做到屹立不倒

准备工作

想要模拟地震中的屹立不倒，我们首先需要准备一部震动工作台，方法如下：

a. 找两片快递箱子纸板

b. 纸板中间夹两卷手纸

c. 用橡皮筋将两片纸板固定，像图示中那样。

d. 没有d，已经做好了

材料简单！

一学就会！

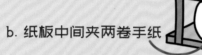

实验一：头顶的重锤

a. 用冰棍棍儿和橡皮泥建造两座一模一样的建筑，最好高一点儿。把它们固定在震动工作台上，然后从其中一座楼的顶部悬下一个稍重的小石子。（当然，你可以选择你擅长的建筑材料来建造你的"楼房"——比如乐高、牙签或者吸管等等。）

b. 摇晃震动工作台的上层。仔细观察哪一座建筑晃动得更小。我的结果是有头顶重锤的那一座，你呢？

为什么"头重脚轻"还能屹立不倒？这个问题值得思考。

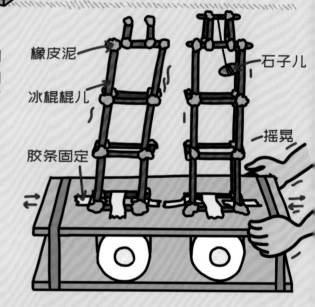

橡皮泥

石子儿

冰棍棍儿

胶条固定

摇晃

实验二：脚底的"三明治"

硬纸板　固定塑料泡沫

a. 从妈妈的众多快递包装里寻找一块塑料泡沫，从这块泡沫上裁下大小一样的四块方柱，像左图那样把这四块方柱固定在两片硬纸板中间——"三明治"就做好了。

b. 在震动工作台上，一边固定上"三明治"，一边固定上和"三明治"等高的一摞书——它们是地基。在地基上，分别再摞上等高的两摞书和两瓶水——这就是建筑了。

c. 晃动震动工作台的上层。仔细观察哪瓶水晃动得更小。我的观察结果是脚踩"三明治"的那瓶，你呢？

为什么"脚底松软"还能屹立不倒？这个问题值得思考。

摇晃

据统计，在全世界的重大地震灾害中，有95%以上的人员伤亡都是因为建筑物受损或是倒塌所导致的。这太可怕了。如果建筑物的抗震能力足够强，不知可以避免多少地震造成的悲剧！一直以来，科学家、建筑师、工程人员想出了很多方法来增强建筑物的"体质"，就让我列举几个有趣的例子吧！

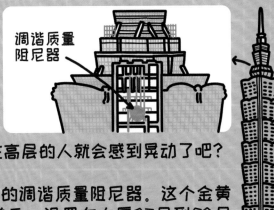

调谐质量
阻尼器

现实中的"头顶重锤"——调谐质量阻尼器

你认得右图中的这个建筑吗？没错，这就是大名鼎鼎的台北101大厦。从2004年建成到2010年1月4日，它一直是世界第一高楼纪录的保持者。这么高的建筑，哪怕是一阵强风吹来，在高层的人就会感到晃动了吧？如果地震来袭，岂不是更加危险？

不怕！台北101大厦的防震秘籍就是楼顶安装的调谐质量阻尼器。这个金黄色的大球重达660吨，直径5.5米，造价400万美元，设置在大厦87层到92层的中央位置。当强风或是地震等外力造成101大厦晃动时，大厦的晃动会将能量传递给大球阻尼器，大球阻尼器由于惯性作用会产生与大厦方向相反的晃动，从而抵消大厦的晃动或令大厦的晃动减弱。太神奇了！这是不是也解释了刚才的小挑战中第一个实验的结果了呢？

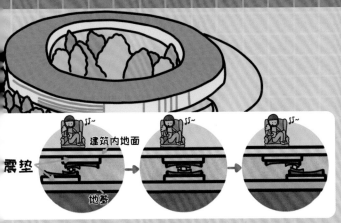

震垫
建筑内地面
地基

建筑物脚下的"三明治"——隔震垫

左图中这个圆环建筑是苹果公司坐落在美国加利福尼亚州库比蒂诺的全球总部大楼。这幢建筑物的周长1.6千米，地上四层，地下两层，可以容纳12000名工作人员。在多震的加利福尼亚州，这样大规模的建筑物怎么能有效抗震呢？

苹果公司总部选用了隔震垫。整个建筑物的脚下安装了700个直径约2米，单个重量800公斤的巨型隔震垫。在刚才的小挑战里的第二个实验中，"三明治"隔震垫提供了缓冲，吸收并减弱了大地晃动带给建筑物的影响。而苹果总部大楼的隔震垫更增加了滑动装置，当大地晃动时，建筑物会在隔震垫的支撑下向任意方向平滑移动，从而使建筑物主体和建筑物内部保持相对静止，防止了建筑物的倒塌。这个方法真是巧妙极了！

增强建筑物防震能力还有这些方法:

● 避开活断层这个地震高发区域

● 使用有韧性的抗震钢筋

● 定期为建筑物进行抗震"体检"

远离断层之歌

钢筋太"钢"了，腰断了！

钢筋有韧性伸展一下！

14 防震装修公司备忘录

客厅的防震措施

吊灯
避免过重，加固基础，吊钩须能挂起吊灯的4倍重量才安全。

钟表或相框
固定在墙面防止震落。

沙发上方
固定架子；摆放重量轻的装饰物

玻璃窗、玻璃门
贴上保护膜，防止玻璃破裂后碎片四处飞溅。

沙发上方
请不要摆放书籍、花盆等重量大的物品。

仅仅楼房建筑抗震还不够，房间内的防震措施也很重要。我看我和胡子哥哥绝对可以开一间防震装修公司了！

书架
应固定在墙上，书架内物品尽量做到上轻下重。

沙发及椅子周围
不要放置容易倾倒的物品。

电视
底部铺上能缓冲摇晃的胶垫或将底部固定。

本公司装修舒适实用、风格简约清新，最重要的是严格遵守抗震标准，将地震伤害尽可能地降到最低。欢迎垂询！

电视柜
不宜过高。

厨房的防震标准

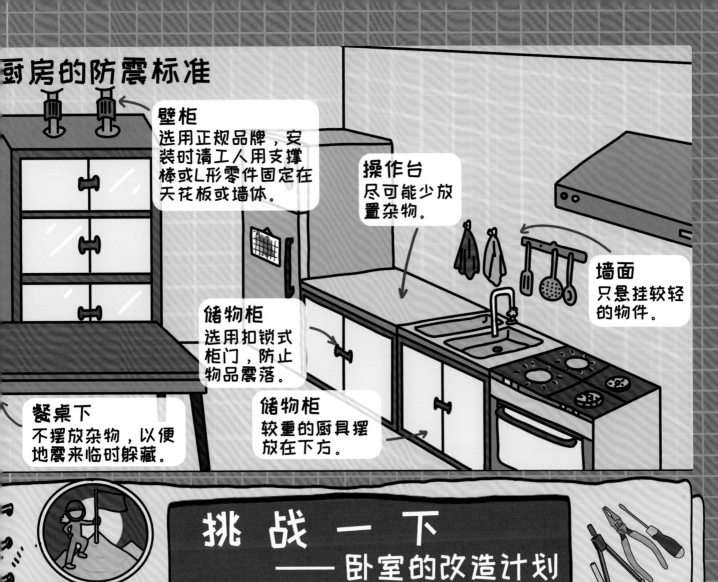

壁柜
选用正规品牌，安装时请工人用支撑棒或L形零件固定在天花板或墙体。

操作台
尽可能少放置杂物。

墙面
只悬挂较轻的物件。

储物柜
选用扣锁式柜门，防止物品震落。

餐桌下
不摆放杂物，以便地震来临时躲藏。

储物柜
较重的厨具摆放在下方。

挑 战 一 下
——卧室的改造计划

这里是桃桃同学的卧室，请仔细观察一下，按字母标注的顺序说一说家具摆放是否符合刚才介绍的抗震防震标准。谢谢！

A.吊灯的安装

D.桃桃喜欢的皇后乐队的主唱佛莱迪·摩克瑞的海报

F.壁橱（内装玩具娃娃屋和许多塑料娃娃）

B.摆放毛绒玩具的架子

E.带滚轮的棋牌玩具桌

C.床的位置

G.书架

答案：

A.吊灯应加固基座，再安装较轻的灯罩，把灯挂在灯钩上，防止灯罩坠落伤人。
B.毛绒玩具不易摔坏，没有问题。
C.床的位置要尽可能远离窗户，防止窗玻璃震碎落下，把玻璃放置在床角？希望桃桃
D.海报没有问题！
E.建议换较轻的架子一张。
把这么多的塑料娃娃等易碎物品放在其中，万一摔落会砸伤人。壁橱的门首先应该安上扣锁式的柜门，放什么东西都无关紧要。
G.请换书架或者把书摆放在下方。

45

15 随时吹响集结号

嘟嘟嘟······

请准备好一个地震应急包，如果你居住在地震易发的地区，这样的应急包简直就是家中必备之物！

跟着我们的集结号赶紧分门别类地把避震物资准备好吧！嘟嘟嘟······

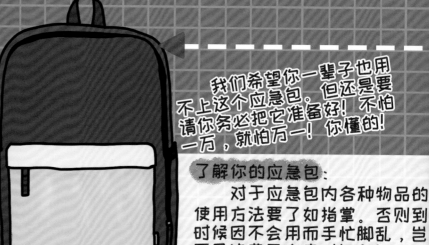

我们希望你一辈子也用不上这个应急包，但还是要请你务必把它准备好！不怕一万，就怕万一！你懂的！

小贴士

应急包不宜过重：
一般来说大人能负荷的背包重量大概10千克，小朋友差不多是5千克。

应急包应该一拿就走：
请把应急包放置在门口、玄关这种方便背起来就走的地方。

了解你的应急包：
对于应急包内各种物品的使用方法要了如指掌。否则到时候因不会用而手忙脚乱，岂不是浪费了宝贵时间？！

定期检查应急包：
定期检查包内物品是否过期，并对过期物品进行更换。

食物类：

足够三天的饮用水

压缩饼干

矿泉水 水 水 Mineral Water

最重要！

和/或

方便食品

罐头类食物

衣物类：

雨衣

请叠整齐后放入包里！

一小包换洗衣物

耐走登山鞋

切记！这不是在整理去度假的行李。请按照"轻便、必需"的原则整理此包裹！

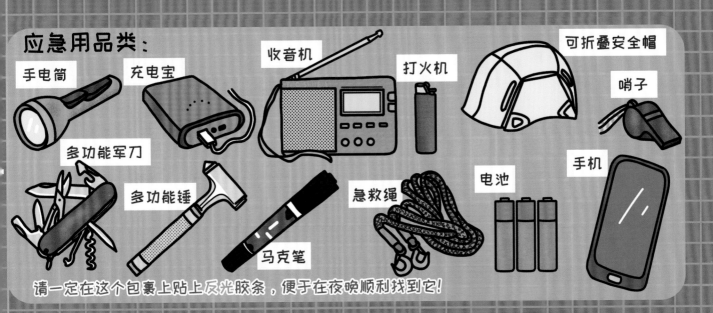

应急用品类：

手电筒　充电宝　收音机　打火机　可折叠安全帽　哨子

多功能军刀　多功能锤　急救绳　电池　手机

马克笔

请一定在这个包裹上贴上反光胶条，便于在夜晚顺利找到它！

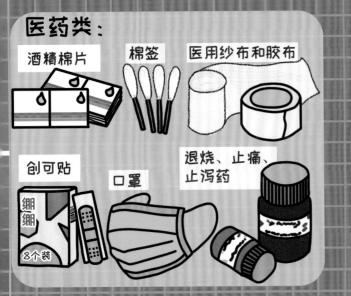

医药类：

酒精棉片　棉签　医用纱布和胶布

创可贴　口罩　退烧、止痛、止泻药

绷绷

8个装

生活用品类：

锡纸保温毯　塑料袋

简单洗漱用品　湿纸巾　卫生纸

好啦，好啦，怎么你还在这儿愣着欣赏我帅气的吹号姿势呢？快点行动起来，准备好你的应急包吧！

文件类：

身份证明文件复印件

亲友1联系人家庭成员或	关系		电话
	关系		电话
亲友2联系人家庭成员或	关系		电话
	关系		电话
监护人2	关系		电话
监护人1	关系		电话

紧急联系

姓名　胡小帽
性别　男　民族　汉
出生　2000年　5月　30日
住址　四川省幸福市幸福区幸福庄幸福楼六街2号
公民身份证号码 510000200005306716

复印件

请认真准备和填写这部分的文件内容！

应急信息卡

基本信息	姓名		照片
	性别	血型	
	出生　年　月　日		
	学校		
	住址		
	联系电话	以往病史	
	过敏病史		

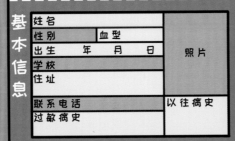

47

16 侦察兵，接任务

这个手绘地图中的黄线是我们最终选择的避险路线，相对会安全一些。请你仔细观察一下其它路线，和朋友、家人说说为什么这些路线不宜设置为避险路线吧！

路边田地 →

木栅栏

康乐运动场

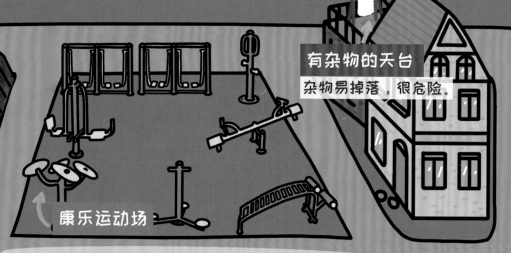

有杂物的天台
杂物易掉落，很危险。

灌木丛

车库

公园空地
场地空旷，是非常合适的避难场地。

落地玻璃房
玻璃易破碎溅落，使人受伤。

屋顶砖瓦
地震后很容易掉落，砸伤路人。

大型广告牌
广告牌在地震后掉落的风险！

1 走了一圈，才知道避险路线上可能有那么多陷阱！

可不！先别说话，赶紧在终点来张自拍做个纪念吧！1，2，3，茄子！

2 那地震前的预防工作我们是不是总结得差不多了？那，要是真的地震了，我们应该怎么办呢？

别着急，桃桃！以我地震救援志愿者的身份，让我来向你演示吧！

走，先回家喝口水去！

3 现在，让我们来模拟。地震发生了。请你跟我这样做！第一步，俯身！

你可以蹲下或坐下，总之，要尽量蜷曲身体。

好的，第一步，俯身！

地震发生时，一定要保持镇静。俯身降低身体的重心，会防止摔倒受伤。

4 第二步，躲避！

我决定躲在承重墙墙角。桃桃，建议你拿起靠垫保护好头部。

OK，第二步，躲避！

尽量迅速寻找附近比较坚固结实的物体作为掩护，防止被震落的物体砸伤。

5 第三步，抓牢！

亲爱的读者朋友，一旦地震发生，请一定记住这三步：俯身、躲避、抓牢！至于在不同的场景具体怎么做，别着急，我们这就拍摄短视频！

嗯，第三步，抓牢！

请低头，紧紧抓牢掩护体。直到震动停止，都请坚持保持这个动作。

请尽快寻找安全的地方躲避！结实牢固、不易倾倒、能掩护身体的物体下或物体旁都容易形成避震空间，闭眼抱头，等震动过去。

地震时若在家中，请不要留在床上，要尽量避开外墙、窗子、阳台、高大家具这些易发生危险的地方，而且，千万不要尝试跳楼逃生！

尽管把炉火关闭是非常重要的，但在震动没有停止前靠近炉火非常危险。请先确保自身安全，尽量远离炉火，掩护躲避。待震动停止后，再去关火。

一些防灾观点认为，不立即关闭火源会引发火灾，但震动时冒险关火更容易危害自身安全。逃生避险时还是以自身安全为第一位吧！

地震后洗手间的门可能由于变形会打不开，所以请一定记得要果断把门打开，再用拖鞋等物品卡住门缝。

啪！

洗手间里一般没有高大的、易倒塌的家具，比其他房间更安全些，所以别急着从洗手间夺门而出，请暂时躲避在这里直到震动停止。

众所周知，地震的时候不要乘搭电梯，但万一地震发生的时候你刚好在电梯里，要快速按下每个楼层的按钮，让电梯停在最靠近的楼层。

万一被困在电梯里，不要慌张，请用紧急通话按钮和外部联络，然后耐心等待救援。

第二幕：在学校

地震的时候最重要的就是要保护好自己的身体。如果地震发生时你在教室里，请立刻钻到书桌下面。这可以非常有效地防止跌落的物品砸到你的身体或头部。好，Action！

在教室里
SCENE 5 ROLL A2 TAKE 1
DIRECTOR 胡子哥哥
CAMERAMAN 不记名的重要人士

本场邀请志愿者小分队倾情演

如果你在走廊里的时候突然发生了地震，请立即俯下身子保护好头部，尽量远离玻璃窗。这时候千万不要慌乱地从楼梯逃生，因为那里是楼房支撑最薄弱的地方之一。震动过后，要听附近的老师指挥，有秩序地撤离。

在走廊楼道
SCENE 6 ROLL A2 TAKE 7
DIRECTOR 胡子哥哥
CAMERAMAN 不记名的重要人士

在实验室里地震避险有相当多值得注意的地方——除了俯身、躲避、抓牢，请你一定要远离火源和化学药剂，低头闭眼，如果有可能就用湿布捂住嘴巴和鼻子。你看我们已经拍了20条了，不容易，再拍一遍吧！

在实验室里
SCENE 7 ROLL A2 TAKE 21
DIRECTOR 桃桃（实习）
CAMERAMAN 不记名的重要人士

本场邀请志愿者小分队倾情演出

别以为地震发生时你在学校的操场或是空地就没什么需要注意的了。如果你在这些地方，请一定要尽快远离那些容易翻倒的建筑或是物体，比如足球门、雕塑或是矮墙什么的。同时也要注意听老师的指挥，不要拥挤，造成不必要的伤害。

本场邀请志愿者小分队倾情演出

在操场上
SCENE 8 ROLL A2 TAKE 3
DIRECTOR 桃桃（实习）
CAMERAMAN 不记名的重要人士

第三幕：在公共区域

地震发生时商场的货架、花板、吊灯等物品都会非常易翻倒、掉落。这个时候请一定尽量远离上述物品保护好头部。书包、物篮、甚至是货架上枕头、毛绒玩具，即没有给钱，也可以先起来保护自己！

在商场里
SCENE 9 ROLL A3 TAKE 4
DIRECTOR 胡子哥哥
CAMERAMAN 不记名的重要人士

本场邀请志愿者小分队倾情演出

地震有可能造成地下街暂时性的停电。在黑暗当中，大家千万不能惊慌。首先"俯身、躲避、抓牢"，保护好自己，待震动停止后，只要把手贴着墙壁沿墙走，绝对会抵达地下街的出口的。这时最忌讳的就是站在通道中间，这样做很有可能会被逃散的人群撞倒受伤。

↑地铁站　❓问讯处　❓行李寄存　右边大厦↗

在地下街
SCENE 10 ROLL A3 TAKE 5
DIRECTOR 桃桃（实习）
CAMERAMAN 不记名的重要人士

TT TOYS

本场邀请志愿者小分队倾情演出

在电影院里一旦发生地震，要迅速蹲在座椅的前面或旁边，保护好头部。如果这个时候立即向外冲，非常容易发生推踩踏，造成不必要的伤害。另一个提醒是，每次进入电影院，都要观察一下紧急出口的位置，以免在万一发生的撤离中不知所措。

在电影院里
SCENE 11 ROLL A3 TAKE 3
DIRECTOR 胡子哥哥
CAMERAMAN 不记名的重要人士

本场邀请志愿者小分队倾情演出

本场邀请志愿者小分队倾情演出

任何时候乘搭手扶电梯都应该紧握扶手，因为一旦手扶电梯突然停住，乘搭的人都会非常容易失去平衡向前跌倒，或是受到后面的人的碰撞和推挤。请一定要握紧扶手，支撑住身体，切记！

在手扶电梯上
SCENE 12 ROLL A3 TAKE 1
DIRECTOR 胡子哥哥
CAMERAMAN 不记名的重要人士

第四幕：在交通工具上

这一幕，我们假设地震发生的时候，桃桃等人正在乘搭地铁或是公共汽车等公共交通工具。

演员们的示范非常完美。就是要像他们这样，立即抓紧扶手，俯下身来，保护好自己。因为地震可能造成车辆脱轨，所以千万不要站在两节车厢的中间，否则非常容易被抛出车外，切记！

本场邀请志愿者小分队倾情演出

在交通工具
SCENE 13 ROLL B1 TAKE 5
DIRECTOR 胡子哥哥
CAMERAMAN 不记名的重要人士

在自驾车
SCENE 14 ROLL B1 TAKE 9
DIRECTOR 桃桃（实习）
CAMERAMAN 不记名的重要人士

胡子哥哥，你不当演员可惜了。你这个关于如果地震发生时在开车的演绎简直太棒了！你演了我才知道，如果地震时在开车，要缓缓减速，把车子靠路边停下来。绝不可以急刹车，不然后面的车子会追尾。另外，停车的时候要注意避开十字路口等救援车辆要通行的地方，还有消防栓等救援时急需的物品。

站台上容易掉落和倾倒的物件非常多，比如指示牌、自动售货机等等。一旦发生地震，正在站台上的你首先要做的就是保护好自己的头部，并向柱子旁边、座椅下方等相对安全的地方迅速移动。当然，如果震动非常剧烈，你无法站立和移动，那么就请就地趴下，就像我们影片中演员们演示的那样做，千万不要慌张！

本场邀请志愿者小分队倾情演出

在站台上
SCENE 15 ROLL B1 TAKE 8
DIRECTOR 胡子哥哥
CAMERAMAN 不记名的重要人士

第五幕：在空地/野外

好的，演员们，你们举着的这些牌子上写的是发生地震时，人们如果在空地上，要尽快远离，不能靠近的地方。请你们举高一些，挺起胸膛，拿出点气势，这样大家才记得住！来，像我这样！

高楼物体　广告牌　玻璃幕墙　过街天桥

摩天轮

电线杆子　遮雨棚　高压电线　狭窄的通道

在空地
SCENE 16 ROLL B2 TAKE 1
DIRECTOR 胡子哥哥
CAMERAMAN 不记名的重要人士

Cut！演员听好！这一幕，我们用长绸布模拟震后野外易发生的泥石流。虽然是模拟，但是演员还是要情绪饱满，演出真的发生泥石流一样的效果！

临时演员，你的逃生方向是错误的，不要顺着泥石流的方向跑，要垂直于泥石流的流向奔跑，像桃桃那样，或者向着我跑也行，地上的箭头已经标出来了，明白了吗？那个……还有，那只四仰八叉的乌龟是怎么回事？再来一遍！

模拟泥石流绸布
剧务2组

哎呦喂，不能这么跑！

哎呀，不行，这么跑会摔倒！

在野外
SCENE 17 ROLL B2 TAKE 3
DIRECTOR 胡子哥哥
CAMERAMAN 不记名的重要人士

挑战一下 —— 我们的应震计划

准备工作
△ 各种颜色的A3纸张；
○ 各色铅笔、水彩笔、蜡笔、荧光笔和你喜欢的笔；
☆ 熟读本书前面的内容，尤其是紫色背景章节！

写在前面

周密的地震应急计划和定期的地震演习是预防地震灾害很重要的一步。这次的挑战请你为你的班级做一个地震应急计划。这是一项严肃认真又无比荣耀的任务，来吧，一起加油！

地震避难场所图形标志

第一步：确定应急避难场所

和你的同学在校园内仔细勘察，确定一个适合同学们在震后临时避险的地点。这个地点需要相对空旷，周围没有易倒塌和易坠落的物体。

第二步：确定从教室到避难场所的疏散路线

请仔细研究你所指定的疏散路线，不要想当然，一定要实际走一遍，甚至走多遍这条路线。一边走，一边仔细查看这条路是否真的安全。观察这条路沿线有没有

电线杆子　　松动的管道　　易倒的报刊栏　　易引发碰撞的死角

请务必保证在你的疏散路线中没有以上物件。

第三步：制定应震措施

根据你所学的，展开你的想象力，一定要把各种可能性都包括起来——什么时候应就地避险，什么时候应迅速撤离……要知道真正地震时，什么情况都可能发生，我们一定要准备充分。

第四步：制作应震计划书

用A3纸和你喜欢的笔制作应震计划书吧！它的内容应该包括疏散路线图，各种情况下的应震措施，以及一句让人耳目一新的避震宣传语。做好后，分享给你的老师同学，并用它来指导你们的地震演习吧！

18 地图猫的回忆录

说实话，你们做的这个宣传片真的挺不错。

谢谢您的鼓励！

地图猫，你们做的！

看着呢，我看着呢！

2008年5月12日　汶川

地板晃动，整幢建筑物都在晃动。地震了，我遇到地震了！赶紧躲避，要快！酒店的装饰开始掉落，家具也开始在地板上滑过来，滑过去……可怕的声音，昏天黑地……

当我再次睁开双眼时，眼前一片黑暗，我心里一惊，心跳快极了。酒店塌了，我被埋起来了。怎么办，怎么办！我要死在这儿了吗？我害怕极了！

我慢慢抹去脸上和眼睛上的灰尘，渐渐地，我的眼睛适应了黑暗的环境。我试图安慰自己，别慌，别慌，一切还没有结束，我还能想问题，我还没有死，不是吗？我试着转动脖子，动动猫爪、胳膊，尝试着感觉自己的身体。没事，没事，我没有被东西压住，万幸，我的身体上方有空间……不对，我的腿，我的腿被压住了。疼！好疼！

我小心翼翼地移动了一下身体。接着，再移动一点点，再移动一点点……我一边移动，一边把身体周围的大一点的碎物慢慢挪开，以便给自己大一点的空间。挪动的时候，我非常小心，一旦有松动不稳的感觉，我会用大一些的砖块顶住，防止碎物再次塌落。

我可以碰到我的腿了！我挪不开压住我的腿的重物。我的腿在流血。这里有个塑料袋！我从杂物缝隙里揪出一个破塑料带，用它绑在腿上止血。真不错，幸好有这个塑料袋！

听，有人在哭！太好了，我不是一个人！

"你是谁？！"

"大华！"

"大华，你有没有受伤？"

"没有！"

2 不是这样的！绝对不能这么说！桃桃，你知道我的经历吗？

3 猫兄，你确定要公开这段经历了？

08年的时候您在汶川？

哦？

4 这是我的2008年汶川回忆录。我特地带过来给你们看的。

"大华，你别哭！别害怕！不要大声叫喊！这样对脱险没有任何帮助。让咱们保存体力。我跟你在一起呢！"

这是过了多久？是白天还是夜晚？肚子好饿……对了，我记得兜里有几块大白兔奶糖和巧克力，那是出门时好奇心奶奶硬塞给我的，多亏了她！

"大华，给你两块糖，别一下都吃了，分成几次吃啊！"

"地图猫，我用手绢在我这边的管子里吸了一点水，给你，挤一点在嘴里吧！"大华的方法真的不错，这几滴水真的救命了！

这里离外面有多远啊？有没有什么通道，让我们可以出去呢？我这样想着，尝试着寻找有亮光的地方。要是有亮光，就意味着那个地方可能和外面距离较近。很可惜，我没有发现任何亮光。

不要气馁！要有信心！我一定会得救的。楼塌下来都没压死我，我还有大白兔吃，我还要和好奇心奶奶一起发明新的科研设备，还要和胡子哥哥一起去登长城……

我要出去！我一定能出去！

咦，有声音。"大华，你听见了吗，有人来了！"我用一根折了的铁棍使劲儿地敲打地面。大华也开始用石头撞击水管。我的心跳又开始加速：地面上的人啊，我们在这里！

人的声音越来越多。我听见狗的叫声；我听见石头滚动的声音；我听见救护车的声音。我得救了。"大华，咱们得救了！"我完全放松了，可以放心睡了……

2008年5月19日 汶川

我的腿只是有点小骨折，这比起那些受了重伤，甚至是失去了生命的人……不敢想，太可怕了，想哭……

"地图猫，是你吗？！"我听到了一个熟悉的声音。

是大华，我的难兄难弟，我的好朋友！大华也住在这个临时灾民安置点，太好了！

我们的这个灾民安置点有防震棚和防震板房。这里地势比较高，听说这样有利于防洪、防涝和排水。这里也很开阔，可以避免滑坡和泥石流的风险。另外我还留意到，这里的交通特别便利，每天都有各种救援人员在这里穿梭——运送灾民、搬运食物、搭建新的板房……不得不佩服这些救援人员的迅速反应和井然有序啊！

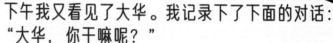

下午我又看见了大华。我记录下了下面的对话：

"大华，你干嘛呢？"

"嘿，地图猫，你来的正好！我在那边发现了几个土豆和这袋面包，正想叫你一起来吃呢！"

"大华，你这土豆都黑了，还有这面包，好像都发霉了啊！"

"不怕，我把坏了的地方切下去不就行了。现在食物这么紧张，别这么讲究了！"

"不行，大华！你说得没错，我们这个时候是要节约，不能太讲究，但这不意味着什么都吃。水浸过的食物、发霉变质的食物和腐烂的食物千万不能吃，否则引发肠胃方面的传染疾病可不是闹着玩儿的！一定要注意食品的卫生啊！"

"还有，大华，喝水也不要怕麻烦，要排队领取安置点提供的水，那是检测合格的可饮用水，可千万不要自己去附近的水塘取水啊！"

"这个我知道。我来的第一天，这里的救援人员就提醒我了。他们说附近的水塘里的水中可能含有各种寄生虫、病菌和病毒。"

"你知道就好。另外要是饮用生水，一定要煮沸才行啊！"

"知道啦，地图猫大人！"

傍晚，我把我和大华的垃圾袋拿到安置点的垃圾集中堆放站。一路上我看见很多防疫人员在临时厕所和垃圾堆放点喷洒消毒药水，我想这可能是为了杀虫灭鼠吧。嗯，这样就放心多了，省得这帮害虫传染疾病。

回到板房，看见大华正在拿我的毛巾擦脚！这个家伙，猫虽然挺好，就是太不讲究猫卫生了！是，这个时候不能太讲究（他老拿这句话说我），可是基本的猫卫生还是要注意的，比如不要共用猫清洁物品；尽量——我是说尽量——勤清洗，勤换衣；注意双爪卫生，不要拿脏爪揉眼睛等等。唉！免不了又教育了大华一番。他也算态度好，帮我把毛巾消毒后还给了我。

2008年5月20日

今天一大早，就被板房外面一阵嘀嘀咕咕给吵醒了。我现在睡眠很浅，一点儿响动都能听得到。我好奇地竖起耳朵，听见了人们的对话。

"听说美国已经测出来了，这两天咱们这边儿还有大的余震……"

"什么这两天，就是明天8点12分！听说咱们这儿的负责人都知道了，但是没公布，怕乱……"

"怎么办？咱们得想办法啊！"

"你们说的都是从哪里听来的？"这是大华的声音。

"我每天都听广播，看新闻，没有这样的消息呢！你们想想，地震怎么可能预报呢，还精确到分钟？太好笑了！别瞎紧张了！"

大华这猫还真行！这样的谣言在地震后扰乱民心，真是太可恶了！

大华今天还做了一件让我感动的事。自从得救以后，我就老失眠，还怕黑，怕一个人待着。大华陪着我聊了很久，安慰我不要那么敏感、紧张和害怕。他还陪着我画画，我们画了很多的花，我喜欢画花，这让我放松了许多。大华真够坚强的，他是怎么撑过来的？我也要多多陪伴他，相互关心鼓励啊！

· · · · · · · · · · · · · · · · · · · ·
· · · · · · · · · · · · · · · · · · · ·
· · · · · · ·

19 地震中的英雄

救援中的难忘瞬间

好奇心奶奶，您看……

这就是汶川那次地震啊！

这里是我们救援基地的展览室。这个房间展示的照片是我们救援队在各次地震中救援的场景。有的非常震撼，有的非常感人，还有的非常惊险。每次来到这里我都百感交集！

你们真是我们的英雄啊！

这面墙陈列了我们救援队这些年来在国内外获得的表彰和奖项，我们非常自豪！

不容易啊！

突然有一种说不出的感动呢！

这么多的奖杯奖状，真是佩服你们啊！

在地震救援中，时间就是生命，完成这样紧迫的任务，仅仅靠英勇的救援队员是不够的，许多救援帮手都能够协助救援队事半功倍地搜索到被困者并把他们营救出来。

在这一页的知识点中，我精心挑选了一些有代表性的救援帮手介绍给亲爱的读者，希望你们好好学习，掌握该知识点，咳咳。

● 航空遥感飞机

地震发生以后，通信不顺畅，地面交通也被破坏，想要迅速了解灾情分布情况和灾害破坏程度，航空遥感飞机是非常有效的工具。飞机装载着航空照相机、成像光谱扫描仪、或是成像雷达等多种遥感传感器飞上高空，即使天气情况恶劣，也可以拍摄高分辨率的光学和雷达影像，准确地反映出地面的情况，为制定救援方案提供宝贵的参考信息。

咔嚓 咔嚓

我拍，我拍

● "蛇眼"

"蛇眼"的大名是光学生命探测仪，它能利用光反射原理进行生命探测，并采集信息；采集信息的镜头被安装在一条长长的管线前端。这条管线就好像一条会蠕动前进的大蛇，非常柔韧，能深入极微小的缝隙，并在瓦砾堆中自由扭动、探测。采集到的信息会被传送回观察器，这样救援人员就可以对瓦砾深处的情况了如指掌，从而有针对性地进行救援了。

● 热红外生命探测仪

几乎任何物体都会辐射出红外线，而辐射的强度与物体的温度有关，因为人的体温与周围物体的温度有差异，因此红外线辐射的强度也不同。热红外生命探测仪能通过感知这样的差异来探测出受困人的准确位置，且在黑暗浓烟的环境下都可以工作，是救援人员进行搜索的得力助手。

● 小气垫

小气垫没有充气的时候其貌不扬，充起气来也没比枕头大多少，但是充气后的小气垫却力大无穷，可以撑起数十吨的重物。找到被掩埋的幸存者要施救的时候，只要有个小缝把小气垫塞进去，然后用气瓶把里面的气压加到8个大气压，小气垫就能把沉重的楼板顶起来，帮助救援队员营救。

请叫我大力士，谢谢！

● 液压钳

液压钳体积虽然不大，却是救援人员的可靠助手。在楼房坍塌的地震现场，往往钢筋纵横，像一张密实的大网阻隔着受困的幸存者和救援人员。大型挖掘机械往往做不到在保障幸存者安全的情况下迅速切断钢筋。这时候就轮到液压钳大显身手了。利用液压原理，液压钳能迅速将钢筋切断，为营救工作赢得宝贵时间。

● 月球灯

光看名字就知道这件工具非常酷炫！地震救援在太阳落山后也是不能停止的，这时就是月球灯登场的时刻。月球灯亮度非常高，两个月球灯就能够照亮相当于一个足球场大小的区域。月球灯360度提供的照明确保照亮每一个角落。

亮度又高，又不闪耀到让人睁不开眼。这是怎么做到的？

搜救犬

搜救犬被人们誉为地震救援的无言战士。千万别小看搜救犬的工作。它们在搜索的时候需要高度专注分析气味，这非常耗费精力和体力。除此之外，由于地震现场布满杂物，搜救犬经常会被碎石、碎玻璃刺伤划伤，同时也可能误食灾区的有毒物品，或是吸入粉尘造成心肺功能的下降。一场救援下来，每只救援犬都遍体鳞伤！

我们救援狗狗的座右铭是：

灵敏迅速

坚忍不拔

无往不胜

冲锋陷阵

救援机器人

如果需要救援的区域具有危险性，比如极易坍塌、储存有危险物品等，那么就是救援机器人发挥作用的关键时刻了：有的机器人形如昆虫，可以钻入狭窄空间探索生命迹象；有的机器人配有机械臂，可以向受困者提供药物和食物；还有的机器人可以让受困人员爬入其中，将其转移出危险地带。随着科技的发展，越来越多功能各异的救援机器人已经被研发出来，并加入地震救援大军中大显身手了。你有什么设计救援机器人的好点子吗？

挑战一下 —— 地震和我们的社会

准备工作

为了这个挑战，你需要：
●笔记本电脑
●强大而稳定的网络信号

●笔记本

●不会掉链子的笔

●或许还有一双方便走路的鞋

其实这个挑战是两道社会调查的题目，你可以从中任选一道，和你的同学们一起上网搜集资料或是走访相关的机构和人，把这些资料消化整理之后，请进行充分讨论，最后完成一份报告，并向你的父母或老师宣讲。是不是还挺有挑战性，挺有趣的？让我们看看题目吧！

题目一： 都是地震，有什么不同？

请选择一个地震多发区域，比如我国的四川省，调查一下几十年前的地震和近些年的地震对这个区域的破坏和影响有没有什么不一样。思考一下，是什么原因造成了这些一样或者不一样。请逐个方面地分析，你会写出一份非常酷的研究报告！

题目二： 地震救援中的英雄还有谁？

除了前文提到的地震救援队，你知道还有哪些组织（机构）在地震救援中功不可没？请你先仔细调研一下，然后可以和下文中我们介绍的内容比较一下。

20 别忘了还有他们

道路抢修

道路疏通人员以最快的速度恢复交通通畅，抢修被地震破坏或被泥石流、山体滑坡阻塞的道路，让救援队、救援工具和救援物资迅速进入灾区；让获救的受伤人员快速地被送往医院进行治疗。

重要性：

物资供应

有关部门会规划救援方案、路线，调配不同的交通工具，把地震灾区急需的食物、水、药物和各式各样的救援物资及时、保质保量地送往灾区。

重要性：

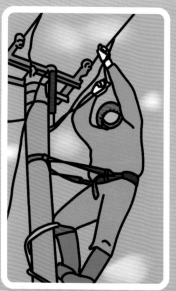

通信恢复

通信部门会抢修通信设施，迅速恢复通信，以保障救援顺利进行，方便人们相互联络。

重要性：

灾民安置

政府会迅速为失去家园的人们提供安全的临时住所，保障他们的基本生活。

重要性：

胡子哥哥，我有一个想法。你看咱们把这段时间学到的地震知识写一本小书，怎么样？

主意不错，桃桃！但是好像我们的地震救援资料还缺点什么……

③

哦耶！你太棒了，胡子哥哥！

啊哈！想起来了，地震救援除了救援队在地震废墟救人，还有好多其他方面！咱们的小书可不能忘记他们！

伤员救护

医务人员们夜以继日地抢救、护理在地震中受伤的人们。

重要性： 生死攸关

灾区防疫

通过净化水源、确保食物卫生、喷洒杀虫剂等方式，防止灾区爆发流行性传染病，控制疫情。

重要性： 非常关键

心灵救助

地震后，某些心理健康严重受损的人需要积极的心理救助。心理辅导师会倾听他们的内心，帮助他们把恐惧和不安表达出来，慢慢地面对现实，积极面对未来的生活。

重要性： 非同小可

无私捐助

力所能及地为地震灾区捐款、捐物或者捐血，为灾区的救援、重建贡献一份自己的力量。

重要性：  必不可少

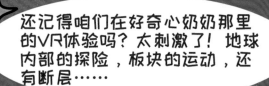

21 仰望星空

是啊，桃桃，咱们这段时间研究地震的学问，也让我感到大自然真是太令人敬畏了！

还记得咱们在好奇心奶奶那里的VR体验吗？太刺激了！地球内部的探险，板块的运动，还有断层……

哈，那次演讲令人记忆深刻——原来到目前为止，地震是无法准确预报的。所以咱们又接着学习了如何防患于未然。

没问题！地图猫大人的回忆录你要不要？我觉得也可以分享给你的同学和老师，这可以让他们知道地震后的真实情景，以及如何应对各种情况。

好，我试试。在他不忙的时候，我想他会很高兴接待你的同学的……喔！伸个懒腰，早点回家睡觉吧，咱们不是还要写一本关于地震的小书吗？

胡子哥哥，你看这星空！我突然好感慨啊……大自然真是太奇妙了！

可不，光看古代那些有关地震的传说就能看出人们一直就觉得地震是个不可抗争的存在。

嗯，你记得地震灾害的体验吗？咱俩都快吓死了！然后咱们就研究了地震到底可不可以被预报，还给好奇心奶奶和地图猫大人做了视频演讲。

对，防患于未然有好多工作要做，还不能因为地震没有发生就掉以轻心。对了，胡子哥哥，咱们拍的那个《地震来了怎么办》的短视频在你那里吧？我想拿给我的同学和老师看看。

好主意！地图猫大人应该不介意吧？哦，还有，胡子哥哥，你能再联络一下救援队的王指导吗？我的同学要是也能去参观救援训练基地就好了！

对呀！这本书的名字就叫做《写给孩子的地震书》吧！啊……让我再看一会儿这星空吧……